激光切割和开源硬件的创意智造

陈俊鑫　著

JC吉林科学技术出版社

图书在版编目（CIP）数据

激光切割和开源硬件的创意智造 / 陈俊鑫著 . -- 长春 : 吉林科学技术出版社, 2023. 7
ISBN 978-7-5744-0829-6

Ⅰ . ①激… Ⅱ . ①陈… Ⅲ . ①激光切割Ⅳ . ① TG485

中国国家版本馆 CIP 数据核字 (2023) 第 178193 号

激光切割和开源硬件的创意智造

著 陈俊鑫
出 版 人 宛 霞
责任编辑 鲁 梦
封面设计 北京万瑞铭图文化传媒有限公司
制 版 北京万瑞铭图文化传媒有限公司
幅面尺寸 185mm × 260mm
开 本 16
字 数 13.8 千字
印 张 7
印 数 1–1500 册
版 次 2023年7月第1版
印 次 2024年2月第1次印刷

出 版 吉林科学技术出版社
发 行 吉林科学技术出版社
地 址 长春市福祉大路5788号
邮 编 130118
发行部电话/传真 0431-81629529 81629530 81629531
81629532 81629533 81629534
储运部电话 0431-86059116
编辑部电话 0431-81629518
印 刷 三河市嵩川印刷有限公司

书 号 ISBN 978-7-5744-0829-6
定 价 44.00元

目录

第一章 中国结彩灯

学习目标

【知识目标】

1. 掌握中国结的起源与发展
2. 掌握 RGB LED 彩灯的工作原理

【能力目标】

1. 运用激光切割技术制作中国结彩灯的外壳
2. 运用开源电子硬件实现中国结彩灯的功能

一、导学与思考

（一）项目导学

每逢佳节的时候，我们可以看到一些地方的人们为庆祝节日，会在家里或路灯上挂上一种由绳线编结而成的传统吉祥装饰物——中国结。

图 1.1 中国结

中国结在我国拥有悠久的历史。早在上古时期，汉字出现以前，古人就学会了用结绳的方法来记事。文字出现以后，结绳逐渐演变成为一门艺术。因其造型独特、绚丽多彩，又被人们赋予了丰富的寓意和内涵。在当代，中国结被广泛用于节日和饰品中。

本节课我们需要用到中国结的知识来制作一个简单的小项目——中国结彩灯。

项目分析

需求分析	实现方式（材料 / 工具）
需要设计外观图形	LaserMaker 软件
需要制作项目外壳结构	木材以及激光切割机
需要编写项目程序	Mind+ 软件
需要有项目控制中枢	掌控板

二、制作流程

（一）制作彩灯外形

1. 激光切割简介

激光是什么？

激光又叫做“镭射”，英文缩写为“Laser”，全名为Light Amplification by Stimulated Emission of Radiation，意思是“光通过受激发射辐射进行放大”。

激光切割的原理是什么？

光是能量以光子的形式放出来的。而激光是高度聚焦，高度放大光。普通光源的光子会各个方向乱跑，激光中的光子则往同一方向跑。

激光切割机利用激光管发射平行的光，接下来由反光镜将光线折射到激光头，再由激光头的聚焦镜将光线汇聚成一点，使激光达到很高的温度，从而将这一点接触的材料表面气化。当这一高温光点在材料上移动时，可达到切割的效果。

图 1.2 激光切割

激光切割做什么？

激光可以切割各种金属和非金属材料，进而做出各种充满创意的结构件或精美的工艺品。

图 1.3 激光切割工艺品

2. 中国结彩灯的矢量绘制

（1）激光切割建模软件

激光切割机也是创客教育中使用频繁的工具。激光切割机则需要根据绘图软件绘制的激光切割图来工作。LaserMaker 是国内的一款免费平面绘图入门级软件，操作简单，适合新手使用。本书中统一采用 LaserMaker 进行激光切割图形的绘制。

我们双击图标，启动 LaserMaker 软件。启动之后的软件界面包含绘图区、工具栏、 绘图箱、图层色板、图库面板和加工面板 6 部分。

图 1.4 LaserMaker 软件界面

①工具栏

放置各种功能按钮的区域。

②绘图箱

放置各种快捷绘图按钮区域。

③绘图区

绘制激光切割图区域。

④图层色板

放置各种颜色色标区域。

⑤图库面板

存放各种图形素材的区域。

⑥加工面板

对激光切割图设置加工模式和参数区域。

（2）激光切割图设计

我们计划将中国结彩灯的外形制作成如下图 1.5 所示：

图 1.5 中国结彩灯外壳

首先需要设计一个圆角盒子作为中国结彩灯的灯箱。我们单击软件工具栏中的一键造物按钮（一键造物），此时会弹出一个一键造物窗口。我们选择圆角盒子，然后在盒子属性中将盒子的长宽高调整至合适的大小，如图 1.6 所示。

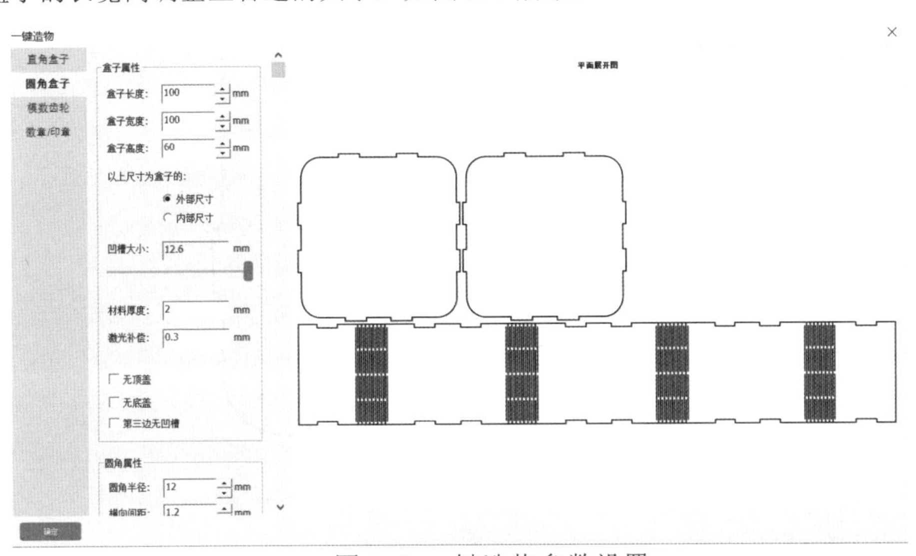

图 1.6 一键造物参数设置

点击“确定”按钮，在软件的绘图区则会出现我们设置的灯箱轮廓切割图，如图 1.7 所示。

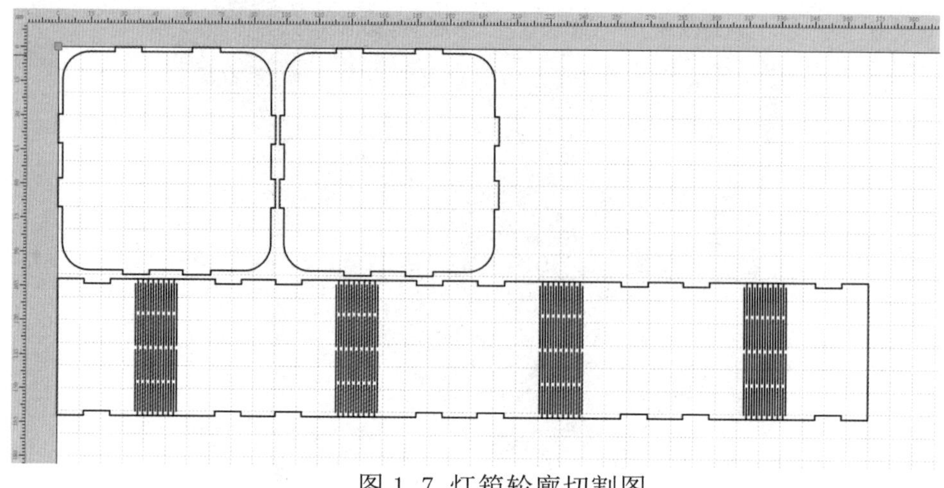

图 1.7 灯箱轮廓切割图

在图库面板的“常用图形”中找到 X 形，将其拖入绘图区的灯箱顶盖轮廓图内作为顶盖的透光窗口，调整其对象原点坐标使其中心点与灯箱顶盖中心点重合，并且调整其宽高尺寸使其略小于灯箱顶盖的宽高尺寸，如图 1.8 所示。

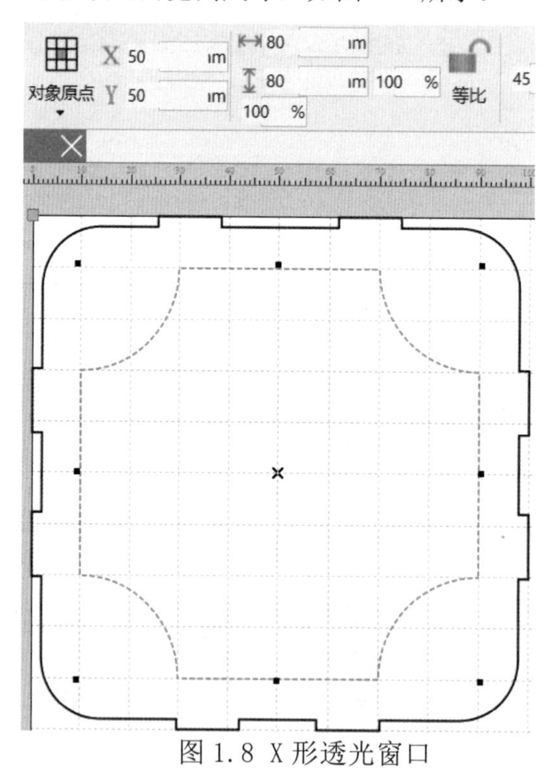

图 1.8 X 形透光窗口

接下来需要在灯箱上加入中国结图案。我们下载一张合适的中国结图片，如图 1.9 所示。

图 1.9 中国结素材图

单击工具栏中的“打开”按钮，在其弹出的“打开”对话窗口中选择下载好的中国结图片，之后点击右下角“打开”按钮，如图 1.10 所示。

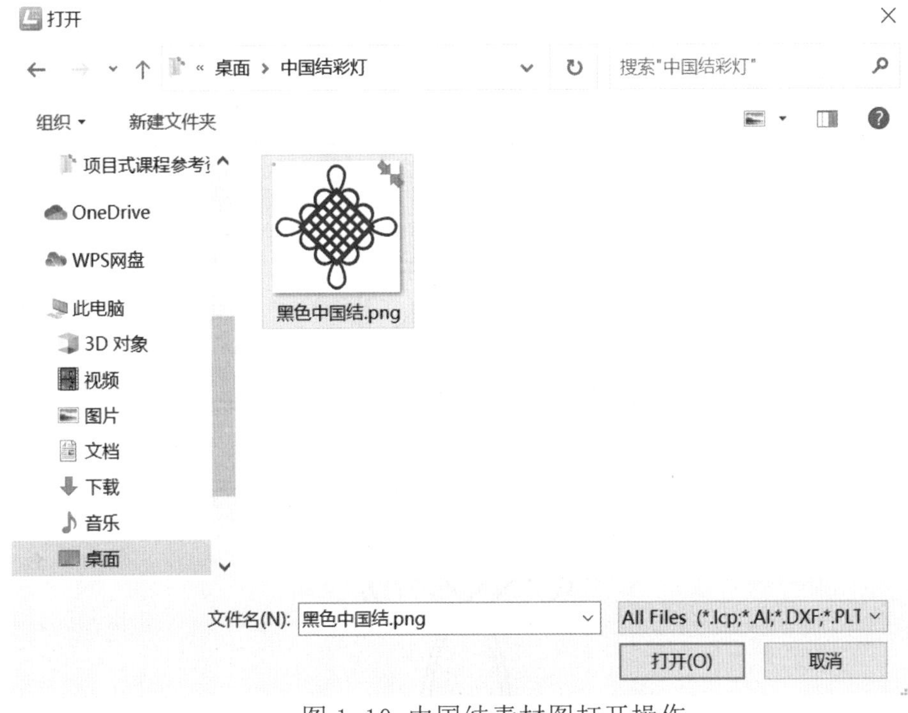

图 1.10 中国结素材图打开操作

此时软件的绘图区就会出现已经打开中国结图片，如图 1.11 所示。

图 1.11 成功打开中国结素材图

选中图片后单击绘图箱中的“轮廓描摹”按钮，此时图片内中国结的轮廓处会出现清晰的黑色线条，再用鼠标点击图片空白处后按下键盘“Delete”键删掉图片，在原来图片的位置就得到中国结的轮廓矢量图，如图 1.12 所示。

图 1.12 中国结轮廓矢量图

框选中国结矢量图并调整其对象原点坐标使其中心点和灯箱顶盖中心点重合，并调整其宽高尺寸使其比 X 形透光窗口的宽高尺寸大 0.5mm，如图 1.13 所示。

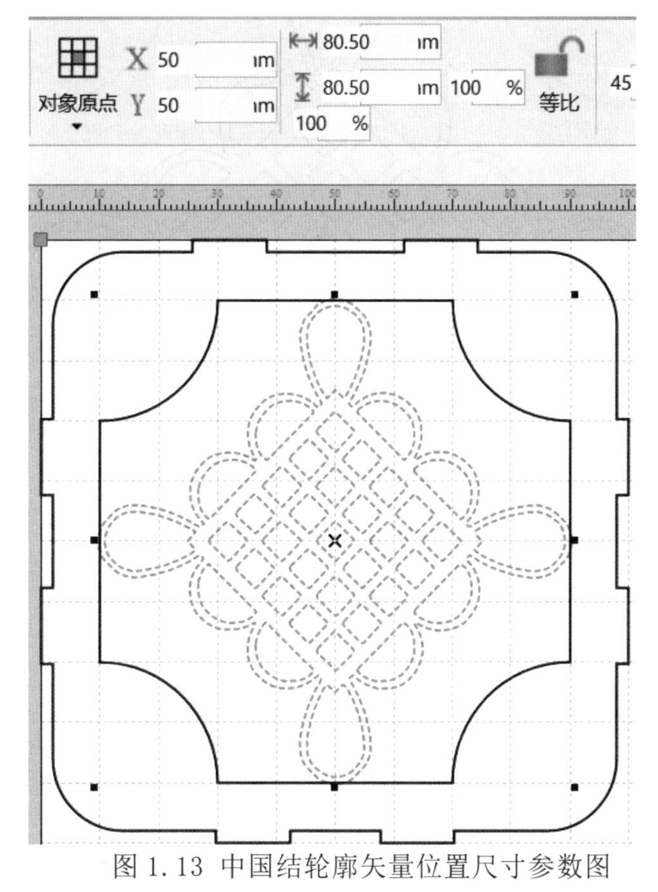

图 1.13 中国结轮廓矢量位置尺寸参数图

此时中国结矢量图与 X 形透光窗口有 4 处相连接，我们需将连接处多余的线条去掉。

单击绘图箱中的橡皮擦工具 ，在弹出的橡皮擦工具对话框之中选择“橡皮擦”选项，将参数调整为 0.5 毫米，如图 1.14 所示。

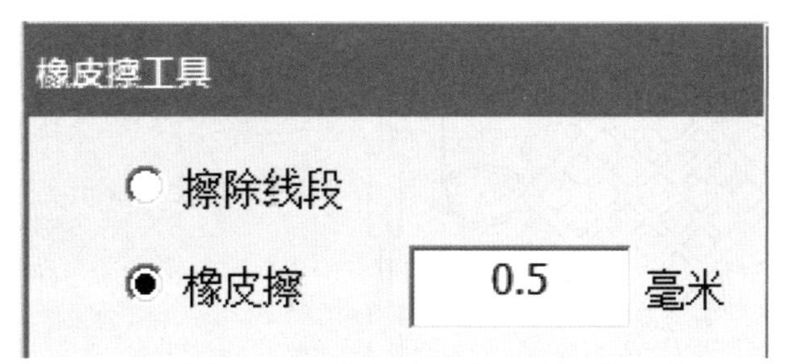

图 1.14 橡皮擦工具对话框设置

使用鼠标光标逐一点击擦除多余的线段，使之得到的最终效果如图 1.15 所示。

图 1.15 擦除多余线段后的连接处效果图

框选图 1.16 中所有线条并复制粘贴至底盖轮廓之中，调整粘贴图形的位置坐标使其图形中心与底盖轮廓图形中心重合，如图 1.16 所示。

图 1.16 复制顶盖图形至底盖

最后我们需要在灯箱的一侧添加电子元器件的安装孔位。并在图库面板中选择元器件选项，找到“盛思——掌控板”图形并拖入绘图区。如图 1.17 所示。

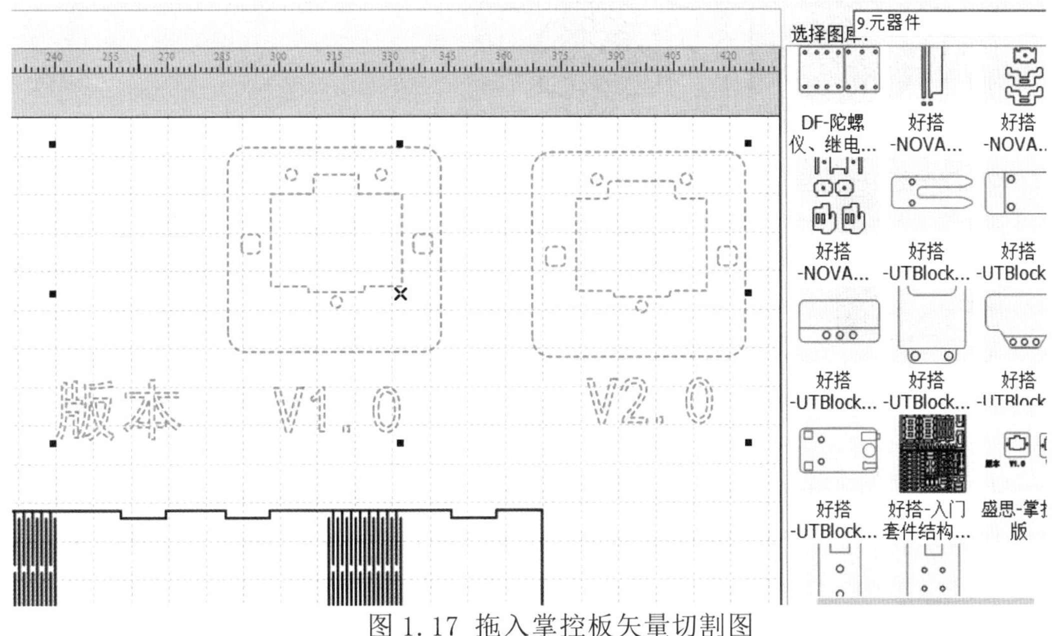

图 1.17 拖入掌控板矢量切割图

鼠标框选 V2.0 版本的图形将其移动至灯箱侧面围板轮廓中，同时在工具栏中调整其方向参数为旋转 90°，单击一次旋转按钮 ，调整其位置坐标使其位于合适位置，如图 1.18 所示。

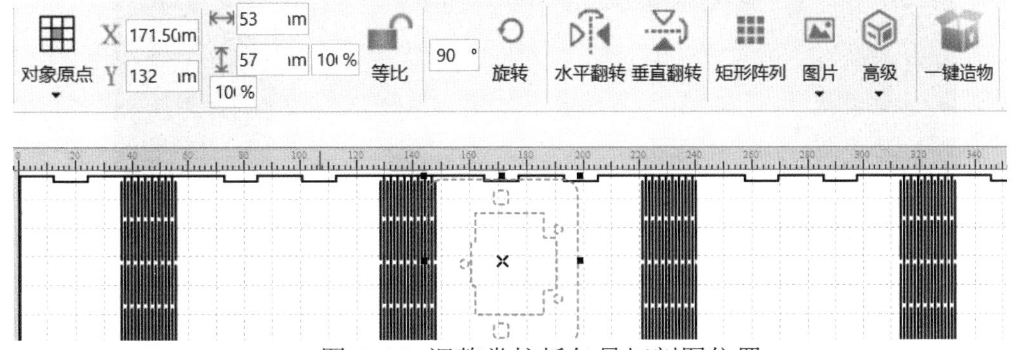

图 1.18 调整掌控板矢量切割图位置

因为在本项目中我们只需要掌控板的安装孔位，所以要删除多余的框线，将绘图区所有多余框线选中删除后，使得到了中国结彩灯的完整激光切割矢量图，其如图 1.19 所示。

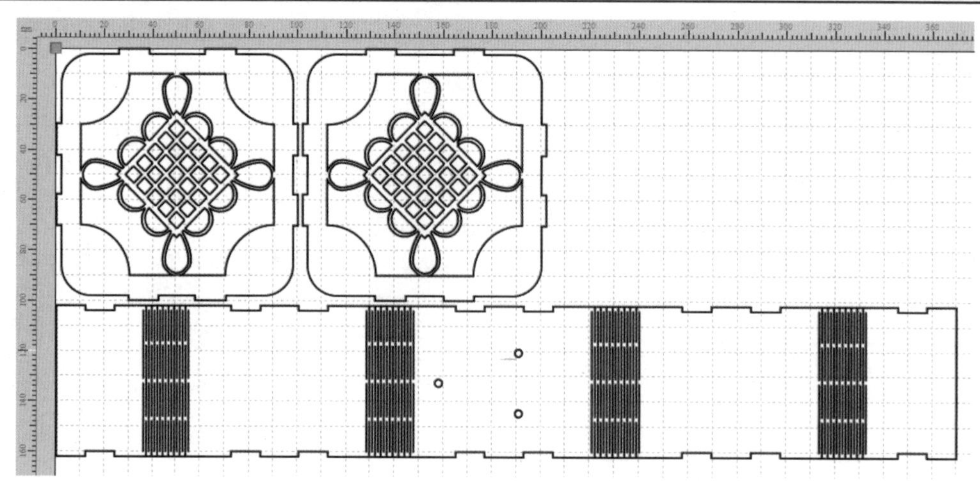

图 1.19 中国结彩灯激光切割矢量图

3. 激光切割机的使用

现在我们需要使用激光切割机将矢量图变为实物。此次准备的切割材料为宽450mm、高 300mm、厚 2mm 的椴木木板。首先将木板平放在激光切割机的蜂窝板左上角，如图 1.20 所示。

图 1.20 待切割木板摆放位置示意图

用数据线将电脑与激光切割机连接好后，点击加工面板中的“开始造物”按钮，切割机就会开始工作了。稍等片刻，木板则被加工成制作中国结彩灯所需要的形状，如

图 1.21 所示。

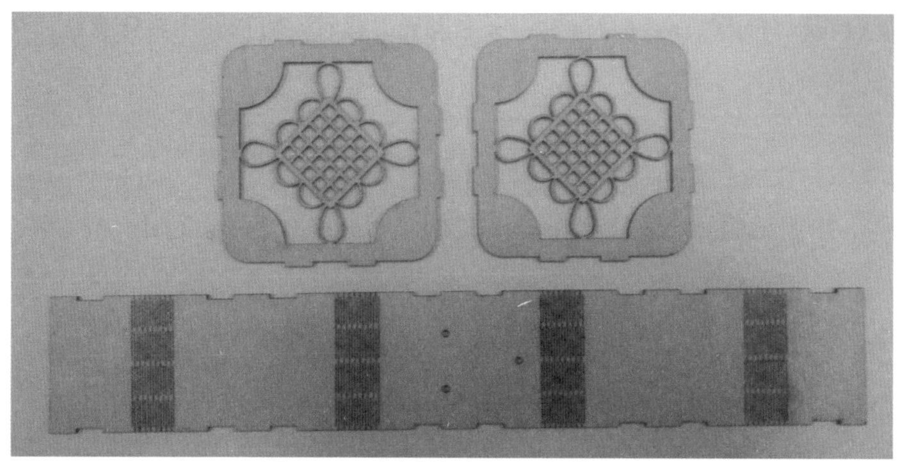

图 1.21 中国结彩灯外壳散装零件图

（二）功能实现

1. 掌控板简介

掌控板是一块集成了各种输入和输出电子元器件的STEAM创客教育开源智能硬件。它既可以作为一块支持图形化和代码编程的主控板，又可作为传感器使用。此外，它还支持无线物联网通信，以实现物联网应用。

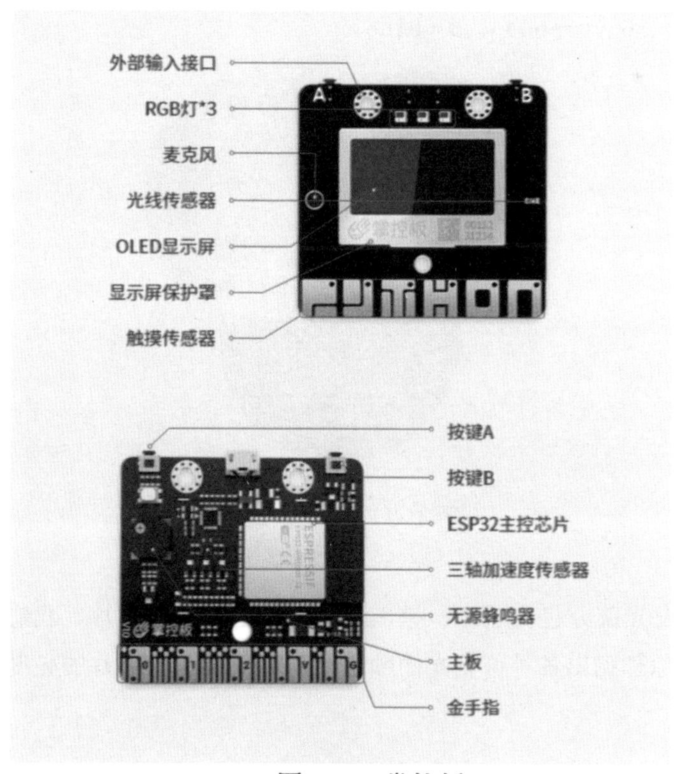

图 1.22 掌控板

2. RGB LED 彩灯的运用

LED（Light Emitting Diode），又名发光二极管，可以将电转化为光。在日常的生活中，LED 灯随处可见。

图 1.23 LED 灯

电子屏幕上的颜色，是由红、绿、蓝三种色光按照不同的比例混合而成的。每一种比例都可以由这三种颜色的一组值来表示。因此红、绿、蓝则又称为三原色光，英文缩写为 R（red）、G（green）、B（blue）。

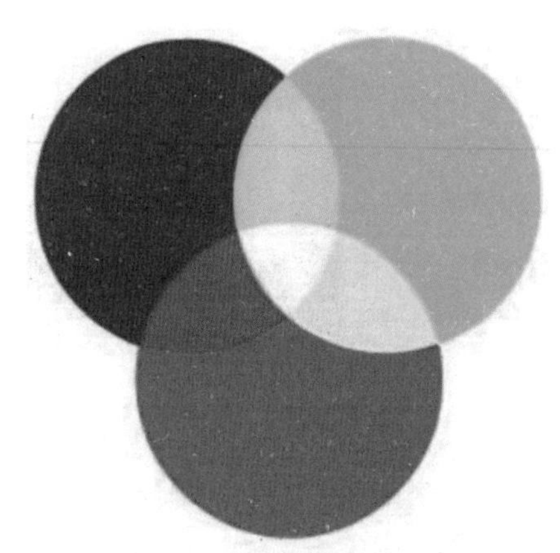

图 1.24 三原色组合原理

RGB 彩灯的发光部分包含了红、绿、蓝三种颜色的 LED 芯片。我们可通过控制芯片按光学的三原色原理调出各种可见光的颜色，还可以调节对芯片的亮度。

图 1.25 RGB 彩灯珠

在本项目中将要用到掌控板的板载 RGB LED 灯，如图：

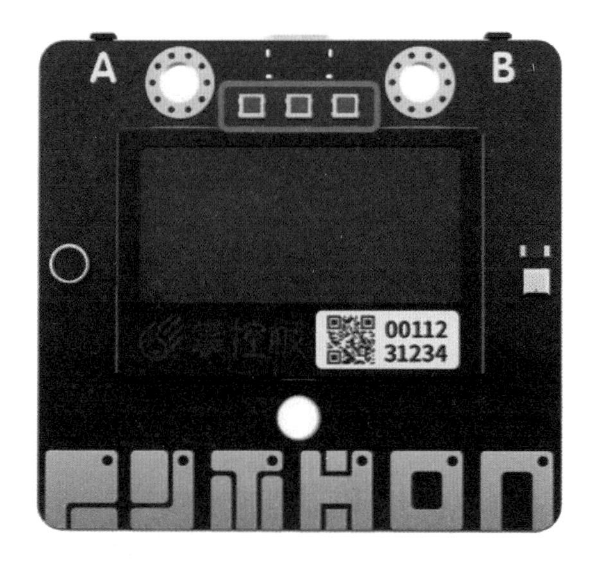

图 1.26 板载 RGBLED 灯

3. **硬件组装及电路连接**

中国结彩灯的电路连接方法如图 1.27 所示。

图 1.27 中国结彩灯的电路连接

在组装中国结彩灯的第一步，需使用螺丝螺母将掌控板连接在中国结彩灯外壳螺丝孔上，如图 1.28 所示。

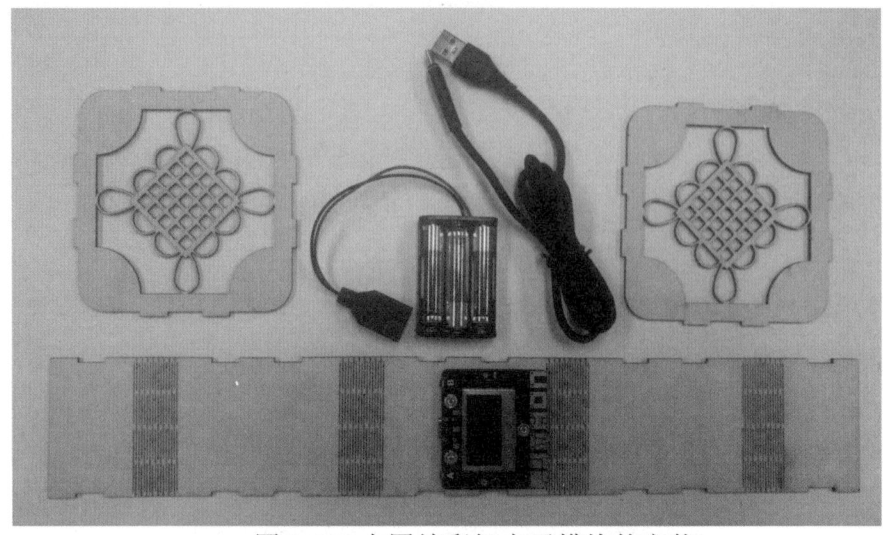

图 1.28 中国结彩灯电子模块的安装

在中国结彩灯的前后开窗各盖上一层纸膜后，把所有零件拼接起来，就得到了完整的中国结彩灯实物，如图 1.29 所示。

图 1.29 中国结彩灯实物

4. 编程及调试

（1）编程软件

在本书中使用 mind+ 进行作品的编程。Mind+ 是一款简单易用的青少年编程软件，支持各种开源硬件，只需要拖动图形化程序块即可完成编程。

双击屏幕快捷方式图标，启动 mind+ 软件。启动之后的软件界面如图 1.30 所示，它主要包含菜单栏、积木区、编程区、代码区、硬件扩展以及串口监视器 6 部分。

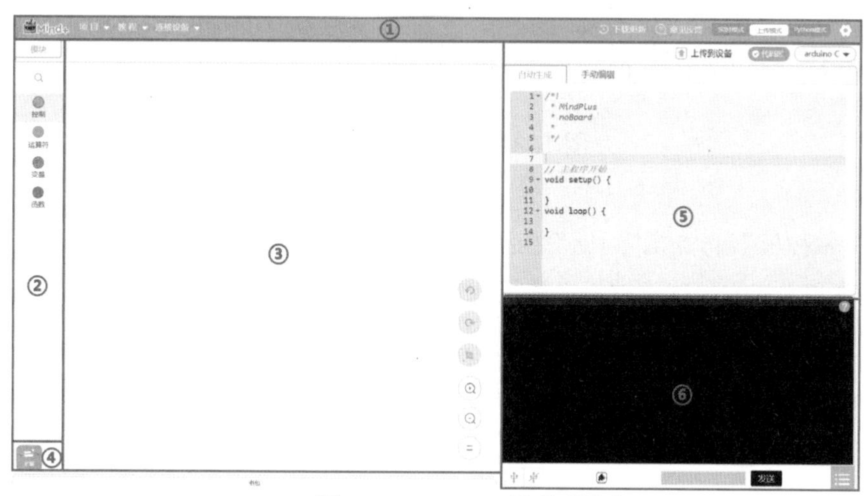

图 1.30 mind+ 软件界面

①菜单栏

包括项目、教程、连接设备等功能按钮。

②积木区

储存图形化编程积木的区域，便可直接拖出积木使用。

③编程区

在此拼接图形化积木，进行编程的区域。

④硬件扩展

单击此按钮可添加更多软硬件扩展的图形化积木，今用以对硬件进行编程。

⑤代码区

此区域会显示编程区程序的底层代码。

⑥串口监视器

用于查看程序状态和串口通信信息。

（2）程序编写

本项目中我们要实现中国结彩灯的灯光颜色随时间的变化而随机变化效果，只需对掌控板的板载 RGB LED 灯进行编程即可。

我们启动 mind+ 软件后，点击“硬件扩展”按钮，此时软件窗口切换到“选择主控板”

页面，如图 1.31 所示。

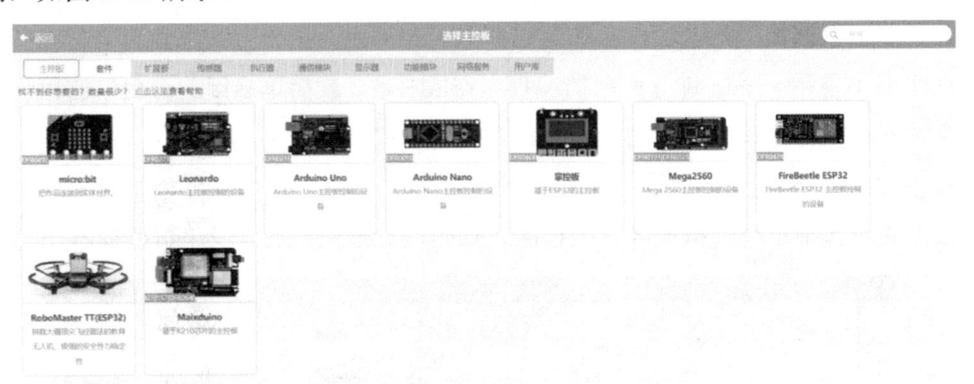

图 1.31 “选择主控板”页面

点击“掌控板”，再点击“返回”之后，软件的积木区则会出现掌控类图形化编程积木，可通过这类积木编程控制掌控板上的板载硬件。如图 1.32 所示。

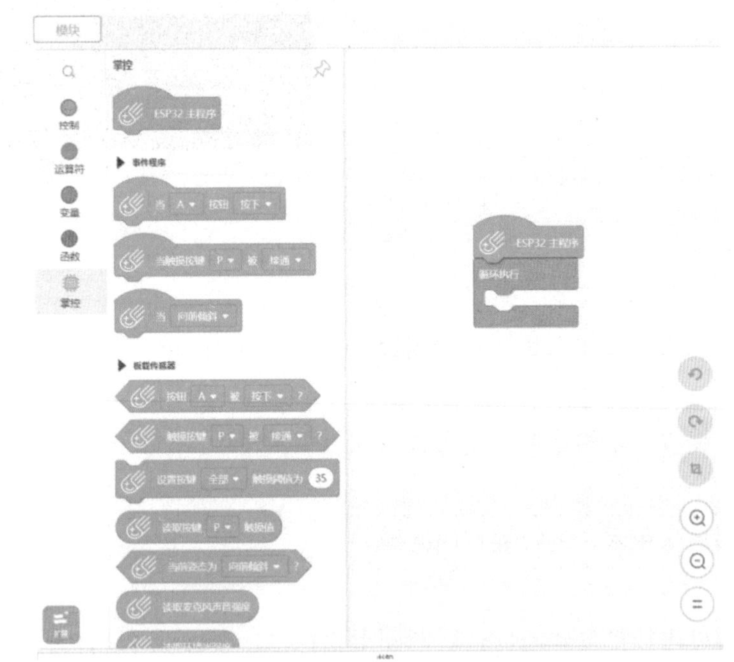

图 1.32 掌控类图形化编程积木

前面已经了解到通过光的三原色可以组合成任意颜色，实际上通过分别控制红、绿、蓝三色各自的亮度，然后将不同亮度的三色叠加起来成为一种新的颜色来实现各种颜色的。

因此，想要实现中国结彩灯的灯光颜色的多样性，我们只需控制 RGB LED 灯的红、绿、蓝三色的亮度变化即可。其对应的积木可以在掌控类积木中找到，如图 1.33 所示。

图 1.33 RGB LED 灯亮度控制积木

其中，红、绿、蓝三色的亮度取值范围为 0 ～ 255。

除了颜色的多样性，还需要让作品的灯光颜色随机变化。想要实现灯光的随机性，我们需要用到变量类积木和运算类积木。

程序流程图如图 1.34 所示。

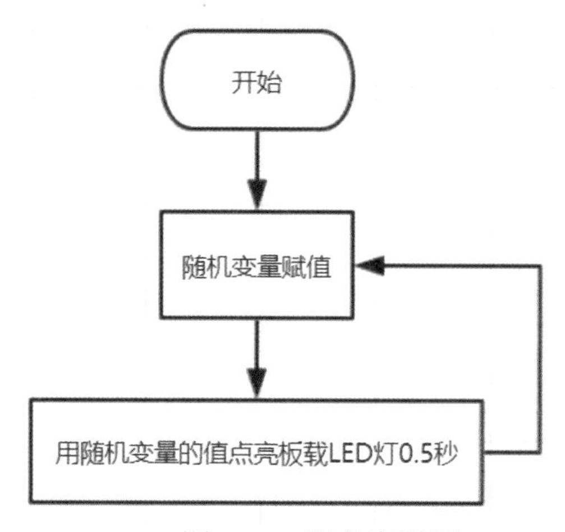

图 1.34 程序流程图

由于灯光的随机数值是由红、绿、蓝三色的随机数值性决定的，所以“随机变量赋值”这一步需要建立三个随机变量，分别命名为“R”、“G”、“B”。“随机变量赋值”程序如图 1.35 所示。

图 1.35 “随机变量赋值”程序

由于掌控板的板载 RGB LED 灯有 3 个，从需按灯珠的编号让其实时同步。“用随机变量的值点亮板载 LED 灯 0.5 秒”程序如图 1.36 所示。

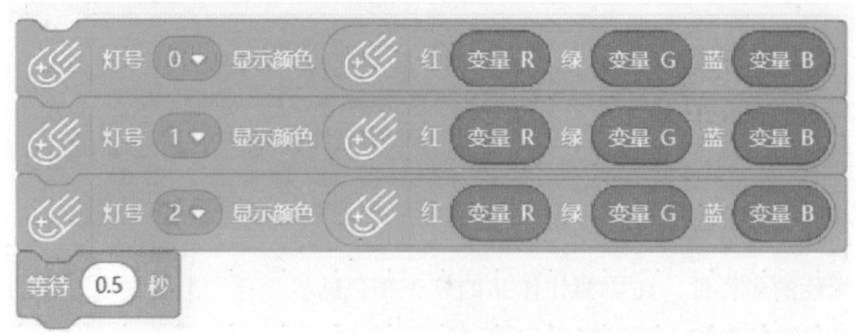

图 1.36 “用随机变量的值点亮板载 LED 灯 0.5 秒”程序

将以上 2 个步骤放入循环中，中国结彩灯就会持续地变换颜色了。该主程序如图 1.37 所示。

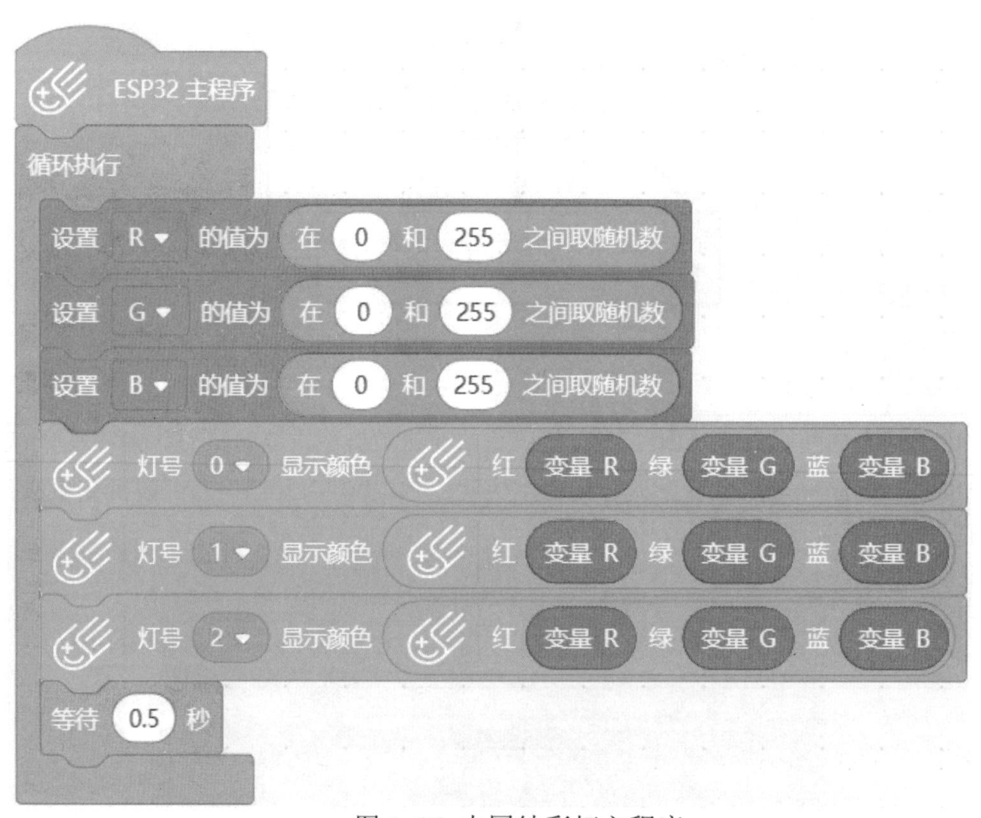

图 1.37 中国结彩灯主程序

用 USB 数据线将掌控板和电脑连接起来，点击菜单栏的“连接设备”按钮，在“连接设备”的下拉菜单中点击 COM 口选项，掌控板可以成功与软件通讯。如图 1.38 所示。

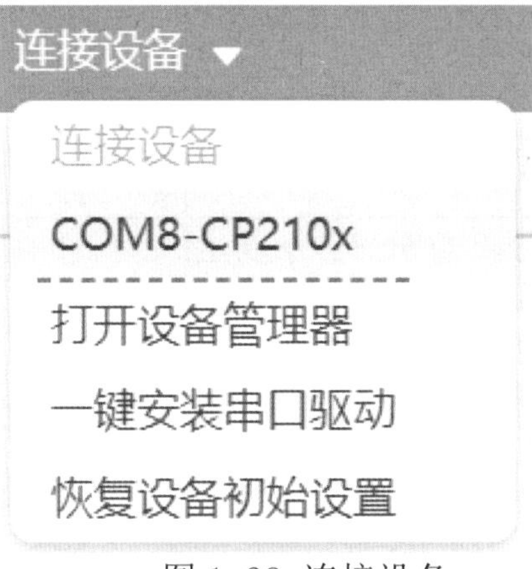

图 1.38 连接设备

最后，点击代码区的“上传到设备”按钮，之后等待程序传输完成，我们的中国结彩灯就完成了。

三、分享与评价

项目完成评价表

学生姓名____________　　　　　　　　　　作品名称____________

项目	分值	评分标准	自评		互评		教师评价	
			扣分	得分	扣分	得分	扣分	得分
科学性	25	器件选用与装置设计符合科学方法，具有智能扩展性。能体现或解决实际问题，有一定应用价值。所有电路正确搭接。						
完整性	30	有详细的器材清单、作品源代码。功能齐全、设计完善、运行流畅。						
创新性	20	结构新颖，设计巧妙，有一定的创新。作品具有一定想象力和特点，能够表达设计理念、相关技术的应用。						
协作性	15	分工明确、协同合作、灵活应变。						

美观性	10	切合主题、布局合理、结构稳定整体大方美观。						
总分		满分 100 分，总分 85 分以上为优秀，75 ～ 84 为良好，65 ～ 74 为中等，60 ～ 65 为合格，60 分以下为不合格。	最终评级：					

四、延伸与扩展

这个项目中，我们将激光切割与掌控板结合，做一个精美的中国结彩灯。

想一想，能不能运用按钮，给中国结彩灯加一个手动开关？

动一动手，通过增加上面的功能，使中国结彩灯更加方便使用吧。

第二章 迎宾叮当猫

学习目标

【知识目标】

1. 掌握迎宾的起源与发展。

2. 掌握红外线人体感应器，语音合成模块的工作原理。

【能力目标】

1. 学习激光雕刻叮当猫，掌握叮当猫建模特点。

2. 利用开源编程知识，赋予叮当猫迎宾功能。

一、导学与思考

（一）项目导学

在生活中人们会遇见形形色色的迎宾，迎宾作为一个门面，能让仪式感倍增，为生活添加了一些热情的问候。随着时代和智能科技的不断发展，各种各样的科技产物也不断问世，我们的生活也越来越科技化智能化。其中迎宾机器人最为突出，同学们有没有想过迎宾机器人是怎么制作的呢？

本节课我们将使用将使用激光雕刻机切割一个迎宾叮当猫，现在同学们想一想，在生活中中曾经见到过哪些让人记忆深刻的迎宾呢？请描绘出自己想要切割出叮当猫造型。

（二）项目分析

需求分析	实现方式（材料 / 工具）
需要设计外观图形	LaserMaker 软件
需要制作项目外壳结构	木材以及激光切割机
需要编写项目程序	Mind+ 软件
需要有项目控制中枢	掌控板，扩展板，红外线人体感应传感器，语音合成模块

二、制作流程

（一）制作“迎宾叮当猫”的外形

1．“迎宾叮当猫”的矢量绘制

我们计划将迎宾叮当猫的外壳制作成如图 2.1 所示：

图 2.1 迎宾叮当猫的外形

迎宾叮当猫是针对前台工作人员设计的一款立牌式迎宾，部件构造则是立体式，重点在于迎宾叮当猫的平面设计部分。首先打开 LaserMaker 软件，单击工具栏中的“打开”按钮，在弹出的“打开”对话窗口中选择下载好的迎宾叮当猫图片，然后点击右下角“打开”按钮，如图 2.2 所示。

图 2.2 导入迎宾叮当猫图片

此时软件的绘图区就会出现已经打开的迎宾叮当猫图片，如图 2.3 所示。

图 2.3 成功打开迎宾叮当猫图

选中图片后单击绘图箱中的“轮廓描摹”按钮，这时图片内中国结的轮廓处会出现清晰的黑色线条，再用鼠标点击图片空白处后按下键盘“Delete”键删掉图片，则在原来图片的位置就得到了迎宾叮当猫的轮廓矢量图，如图 2.4 所示。

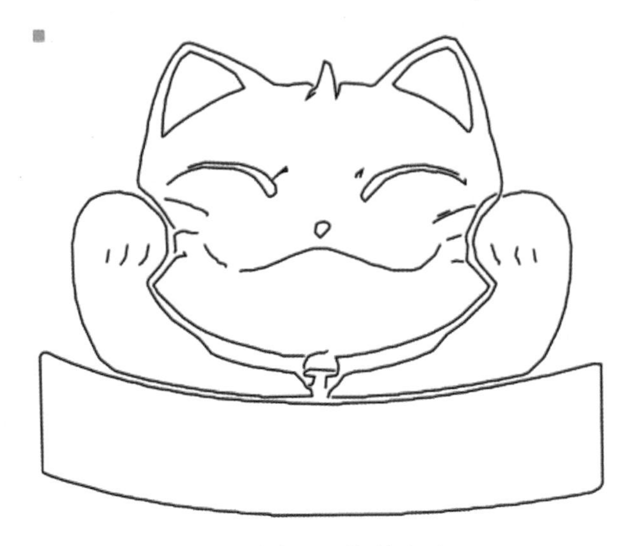

图 2.4 修剪程度

点击左侧工具栏的文字工具，在文字添选框添加想要预设的文字，同时选择字体字号，如“欢迎光临，恭喜发财”。如图所示。

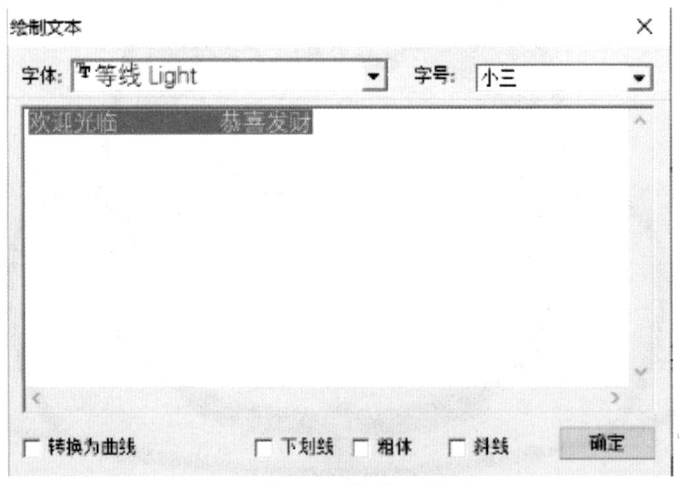

图 2.5 修剪后样式

在预设文字中注意字号大小和文字之间排距，来达到自己想要效果，最后长按文字拖动到文字框中，如图 2.6 所示。

图 2.6 预设文字

制作迎宾叮当猫的外围结构，选择左侧工具栏的矩形工具，而在叮当猫和文字框外侧制作一个矩形框，如图所示。

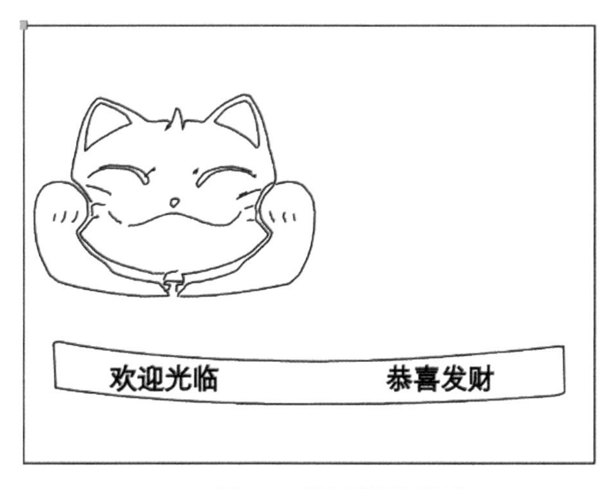

图 2.7 外围结构设计

迎宾叮当猫立牌最上部分可以做成波浪状流水线形，首先可以选择左侧工具栏中的橡皮擦工具，橡皮擦工具框中可以修改橡皮擦大小的数值。如图所示。

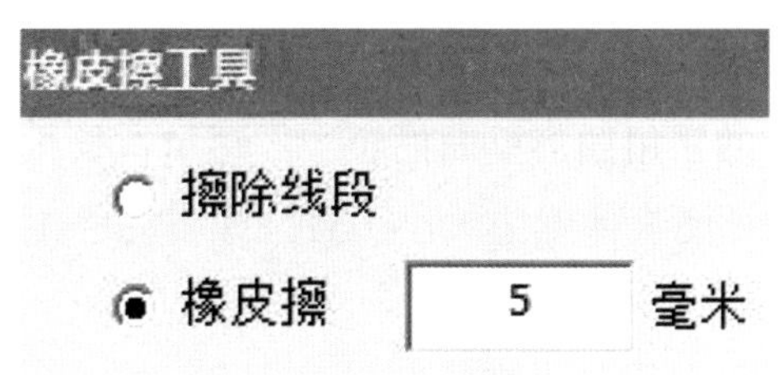

图 2.8 橡皮擦工具

用橡皮擦工具将矩形上方修剪成开口状，如图所示。

图 2.9 橡皮擦修剪

选择左侧工具栏中的 B 样条工具，并在矩形中间部分选择三个点，高中低，连接矩形中外侧的两个点，如图 2.10 所示。

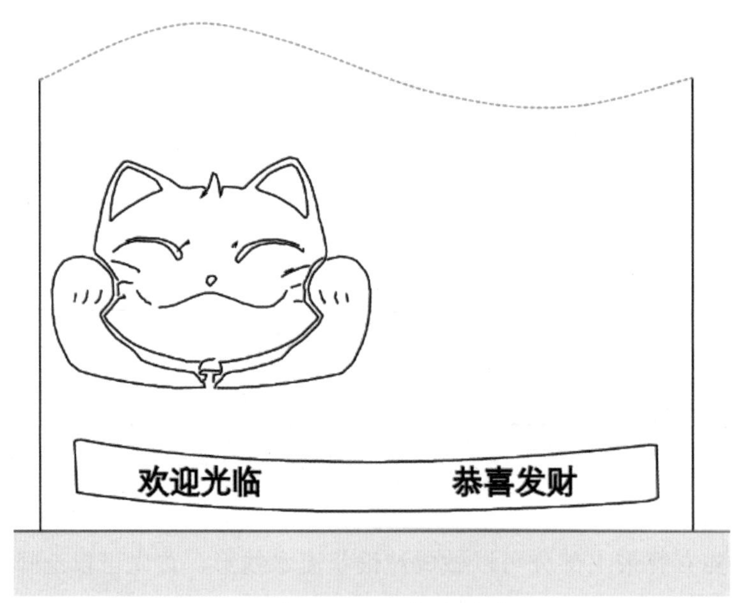

图 2.10 B 样条曲线

选择右侧图库面板中的常用图形里面的正十二边型，长按拖动到工作台中，正十二边型的大小与电子元件红外线人体感应大小一致。如下图 2.11 所示。

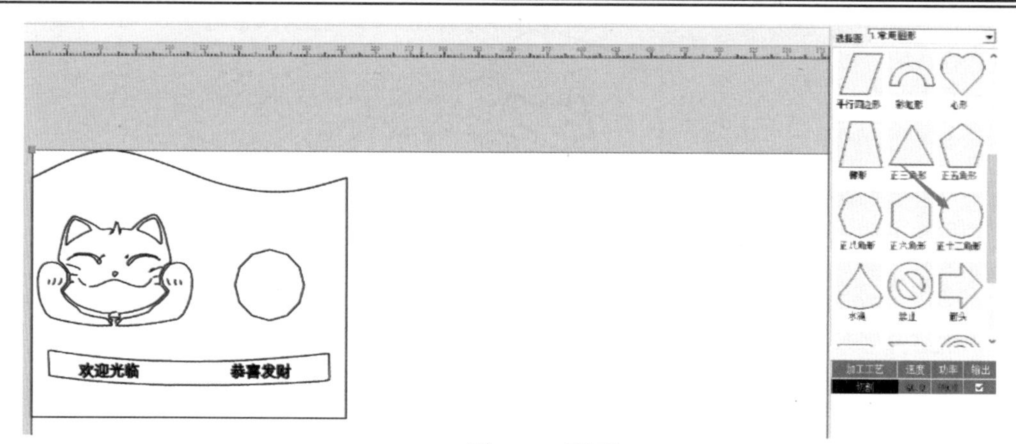

图 2.11 所示

选择左侧工具栏中的矩形工具，制作迎宾叮当猫立牌的底部部分，宽度 80mm 左右，长度大于立牌长度 30mm，如图 2.12 所示。

图 2.12 底部制作

选择左侧工具栏的矩形工具制作立牌底部的凹槽，凹槽长度则为立牌的长度，宽为木板的厚度。如图 2.13 所示。

图 2.13 所示

现在我们需要使用激光切割机将矢量图变为实物。且此次准备的切割材料为宽450mm、高300mm、厚2mm的椴木木板。首先将木板平放在激光切割机的蜂窝板左上角，如图所示。

图 2.14 待切割木板摆放位置示意图

用数据线将电脑与激光切割机连接好后，可以点击加工面板中的“开始造物”按钮，切割机就会开始工作了。稍等片刻之后，木板就被加工成制作迎宾叮当猫所需要的形状，如图所示。

图 2.15 迎宾叮当猫示意图

（二）功能实现

1. 红外线人体感应器、语音合成模块、掌控扩展板的应用

（1）红外线人体感应器

红外线人体感应器是一种通过感应人体散发的红外线的变化来检测人体移动的传感器，在智能家居上已有广泛的运用，如人体感应灯、人体感应开关等。

图 2.16 红外线人体感应器

（2）语音合成模块

语音合成模块中有功能强大的语音合成芯片，可将文本转换成为语音，是机器发声的重要装置。如下图所示。

图 2.17 语音合成模块

（3）掌控扩展板

掌控扩展板通过自带的电路，可将与其连接的掌控板的引脚以针脚的形式外接出来，让掌控板与外接电子模块的连接更加方便，如图。

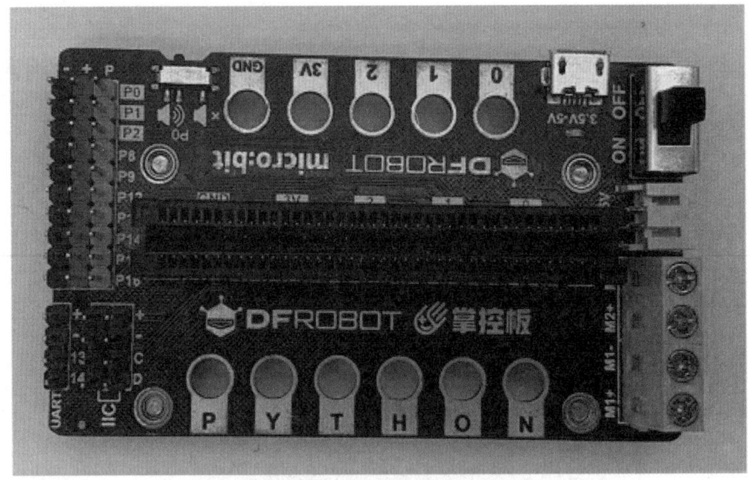

图 2.18 电子元器件引脚分类及连接特点

扩展板在进行线路连接时，注意脚位的端口，避免正负极倒置出现短路情况，在上传程序时，避免电池通电的情况下上传。

2. 硬件组装及电路连接

迎宾叮当猫的电路连接方法则如图 2.19 所示。

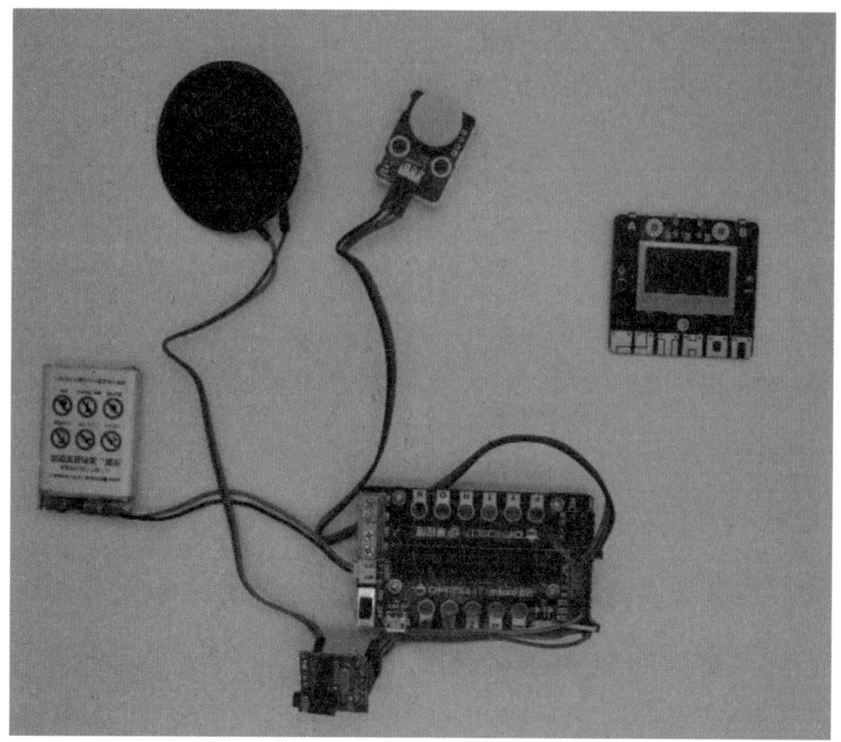

图 2.19 迎宾叮当猫的电路连接

在组装迎宾叮当猫的第一步，我们需使用螺丝螺母将掌控扩展板、红外线人体感应器连接在迎宾叮当猫外壳的螺丝孔上。

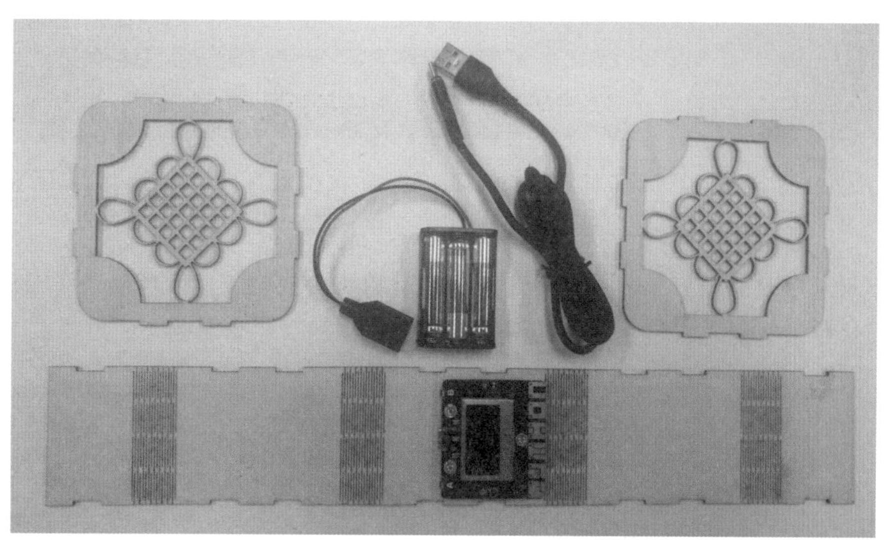

图 1.28 中国结彩灯电子模块的安装

将所有零件拼接起来，则得到了完整的迎宾叮当猫实物，如图 2.20 所示。

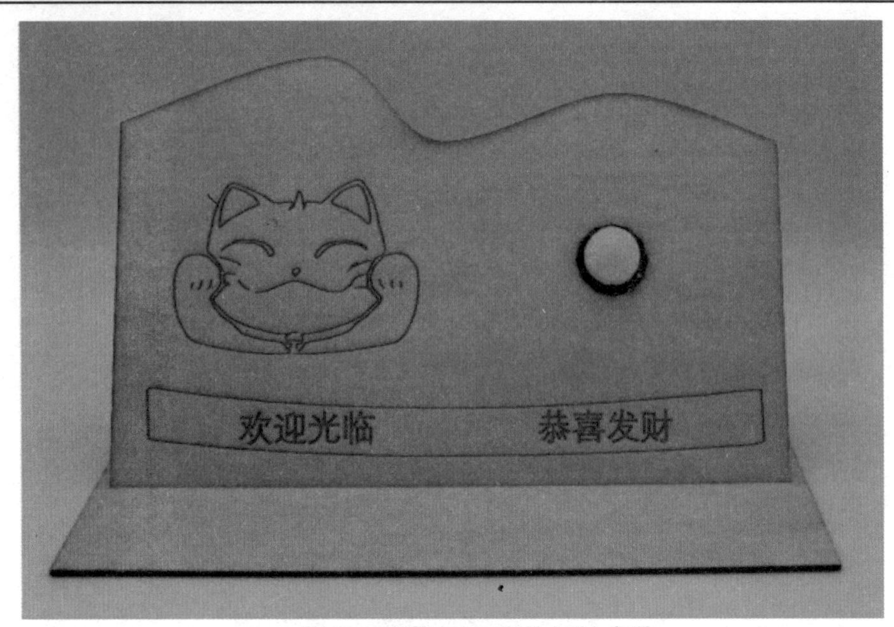

图 2.20 拷问灵魂的闹钟实物

3. **编程及调试**

首先利用掌控版的屏幕显示，显示出所想要的文字，其次可以控制文字在掌控版屏幕中显示的位置，改变 X 坐标，Y 坐标，把文字显示在适中位置。

图 2.21 屏幕显示初始化程序

测试好文字是否良好显示调试好以后，选择语音合成模块，选择模块对应的脚位，在程序模块中选择给电路连接脚位编号，设置声音中的大小音量。

图 2.22 语音模块初始化程序

编写人体感应模块，数字引脚 P16 则代表人体感应模块判定其是否存在人体，数值 1 有人体存在，数值 0 无人体存在，程序中用一个判断语句来实现功能，若检测到人体，显示文字，并播放音乐。

图 2.23 人体检测互动程序

三、分享与评价

项目完成评价表

学生姓名____________　　　　　　　　　　作品名称____________

项目	分值	评分标准	自评		互评		教师评价	
			扣分	得分	扣分	得分	扣分	得分
科学性	25	器件选用与装置设计符合科学方法，具有智能扩展性。能体现或解决实际问题，有一定应用价值。所有电路正确搭接。						
完整性	30	有详细的器材清单、作品源代码。功能齐全、设计完善、运行流畅。						
创新性	20	结构新颖，设计巧妙，有一定的创新。作品具有一定想象力和特点，能够表达设计理念、相关技术的应用。						
协作性	15	分工明确、协同合作、灵活应变。						

美观性	10	切合主题、布局合理、结构稳定整体大方美观。						
总分		满分 100 分，总分 85 分以上为优秀，75 ～ 84 为良好，65 ～ 74 为中等，60 ～ 65 为合格，60 分以下为不合格。	最终评级：					

四、延伸与扩展

同学们今天对这个迎宾叮当猫设计与制作还满意吗？在科技的世界里求知，我猜你的创客热情还远远不止这个迎宾叮当猫吧！让我们回顾一下迎宾叮当猫的制作方法，同时并思考：

在我们的日常生活中还有哪些产品可以利用相似原理制作？

迎宾叮当猫你认为有哪些需要升级的？

第三章 拷问灵魂的闹钟

学习目标

【知识目标】

1. 掌握语音识别的起源与发展

2. 掌握按钮、蜂鸣器、OLED 液晶屏、语音识别模块的工作原理

【能力目标】

1. 运用激光切割技术制作拷问灵魂的闹钟的外壳

2. 运用开源电子硬件实现拷问灵魂的闹钟的功能

一、导学与思考

（一）项目导学

平时你是否存在起床困难症？早上可以调十多个闹钟，都闹不醒，迷迷糊糊地全部关完。醒来发现要迟到了，还怪闹钟没闹。

这个时候，你是否希望有这样一个智能闹钟：其难听的叫声，让你睡意全无；它会随机问你问题，要求你必须答对问题才会停止闹铃。它就像一个严厉的拷问者，不允许你睡懒觉，强迫你起床。

本节课让我们来制作一个拷问灵魂的闹钟。

（二）项目分析

需求分析	实现方式（材料 / 工具）
需要设计外观图形	LaserMaker 软件
需要制作项目外壳结构	木材以及激光切割机
需要编写项目程序	Mind+ 软件
需要有项目控制中枢	掌控板、按钮、蜂鸣器、OLED 液晶屏、语音识别模块

二、制作流程

（一）制作闹钟的外形

1. 闹钟的矢量绘制

我们计划将拷问灵魂的闹钟外形制作成如图 3.1 所示：

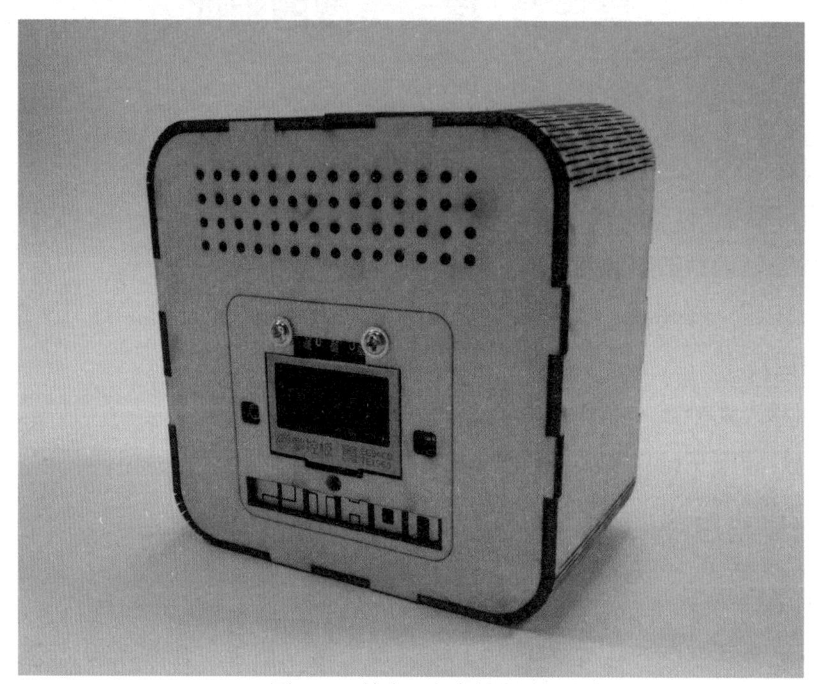

图 3.1 拷问灵魂的闹钟外壳

首先我们需要设计一个圆角盒子作为拷问灵魂的闹钟的外壳。我们单击软件工具栏中的一键造物按钮，此时会弹出一个一键造物窗口。可以选择圆角盒子，然后在盒子属性中将盒子的长宽高调整至合适大小，如图 3.2 所示。

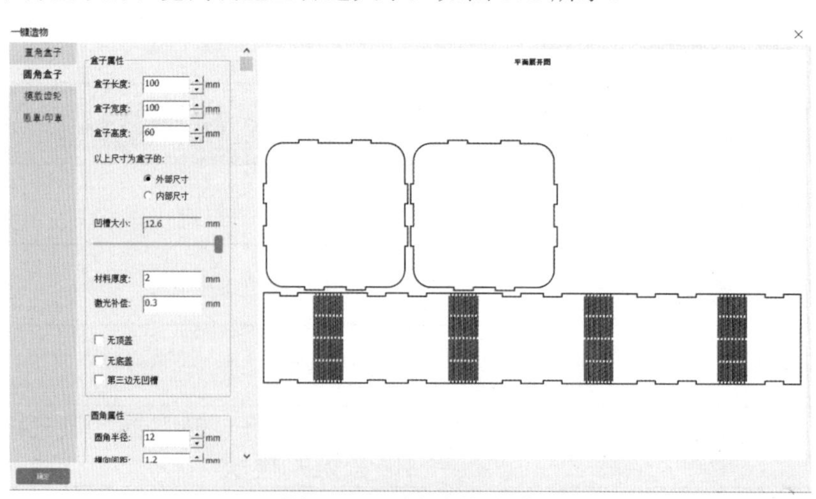

图 3.2 一键造物参数设置

点击“确定”按钮，在软件的绘图区就会出现设置的闹钟的轮廓切割图，如图 3.3 所示。

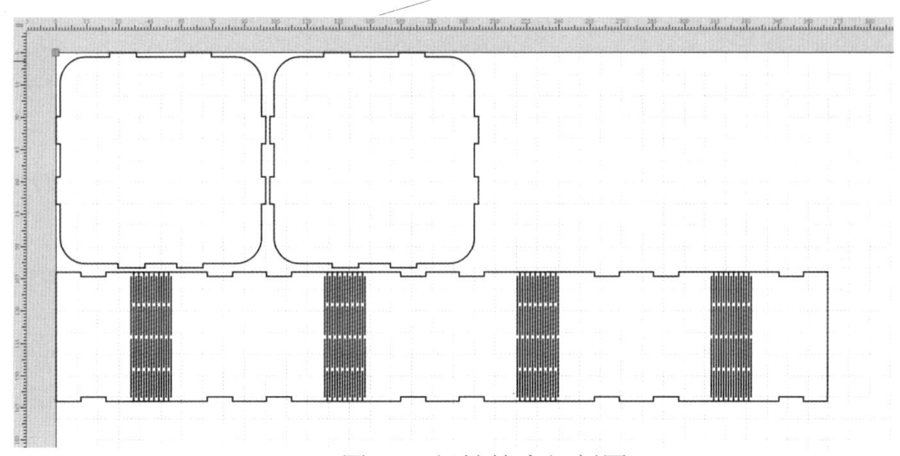

图 3.3 闹钟轮廓切割图

然后需要在灯箱的一侧添加电子元器件的安装孔位。在图库面板中选择元器件选项，找到“盛思——掌控板”图形并拖入绘图区。如图 3.4 所示。

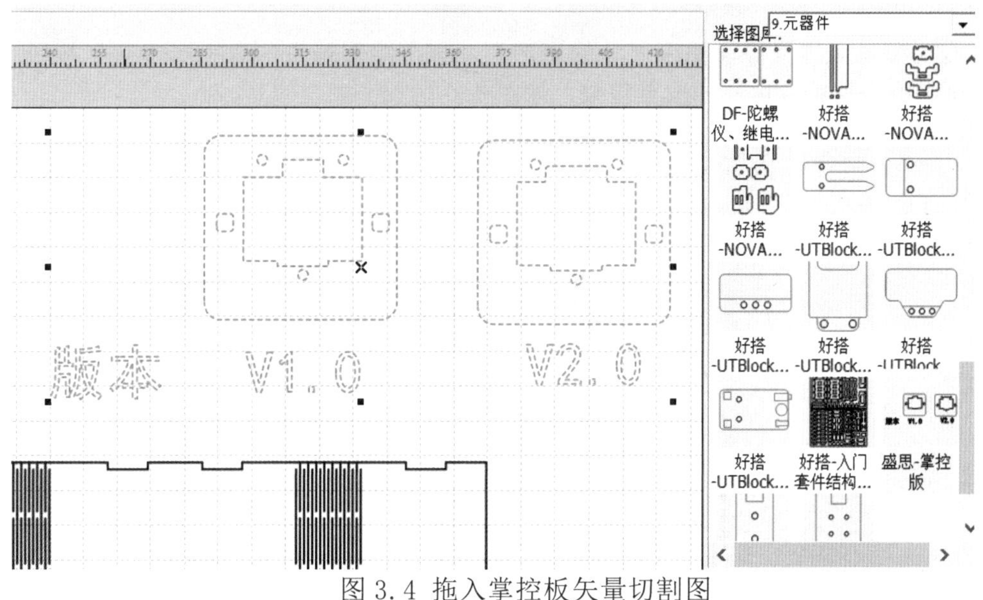

图 3.4 拖入掌控板矢量切割图

鼠标框选 V2.0 版本的图形将其移动至闹钟顶盖轮廓中，同时在工具栏中调整其位置坐标使其位于合适位置，并选中多余的文字图形并删除，如图 3.5 所示。

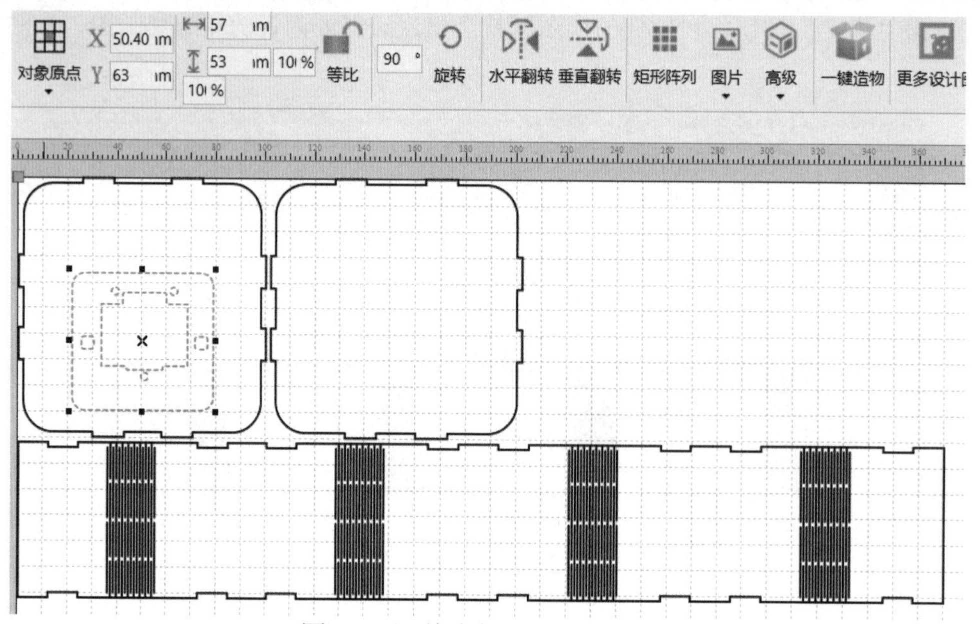

图 3.5 调整掌控板矢量切割图位置

此时会发现，位于顶盖上的掌控板矢量切割图中缺少触摸传感器的露出孔，因此我们需要在对应位置添加相应尺寸的矩形孔。点击绘图箱中的“矩形工具”按钮，在工具栏中调整其尺寸和位置参数，如图 3.6 所示。

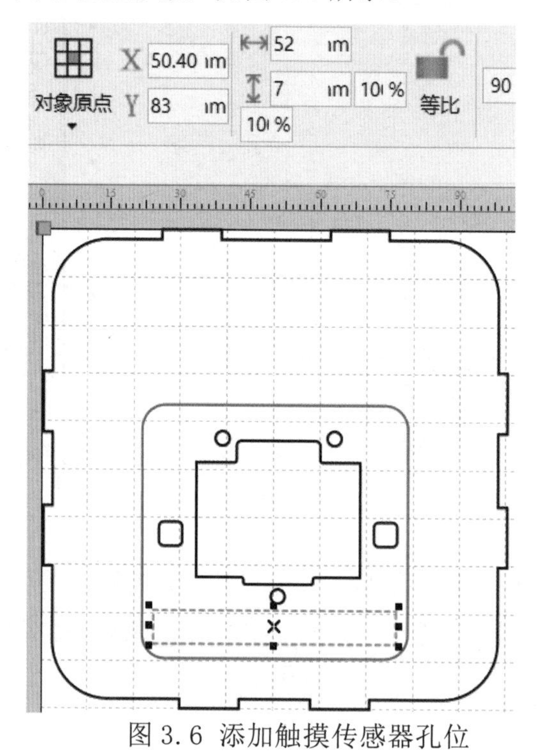

图 3.6 添加触摸传感器孔位

接下来我们需要添加闹钟的声孔。我们点击绘图箱中的“椭圆形工具”按钮，在顶盖轮廓图中合适位置绘制一个椭圆形，并调整其宽高为2mm，并点击工具栏中的“矩形阵列”按钮，在弹出的矩形阵列对话框中设置合适的参数，其如图3.7所示。

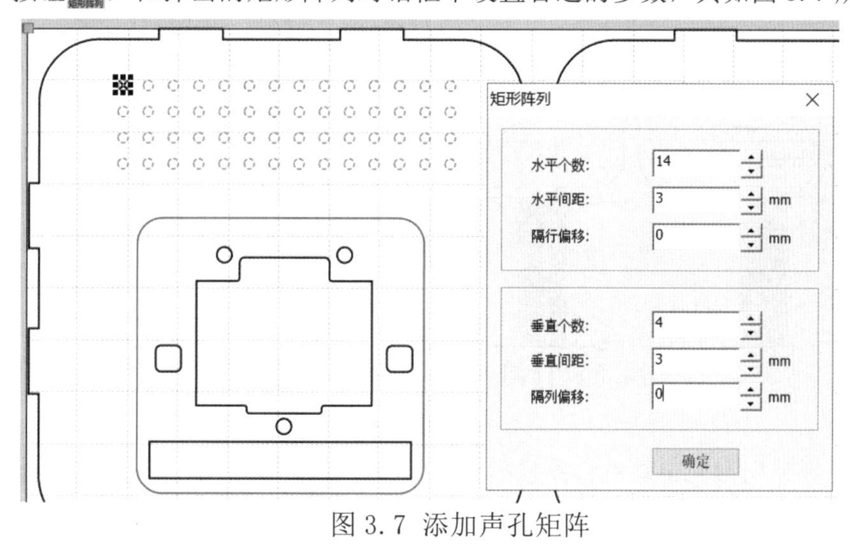

图3.7 添加声孔矩阵

框选所有声孔，调整对象原点坐标使其位于合适美观位置，如图3.8所示。

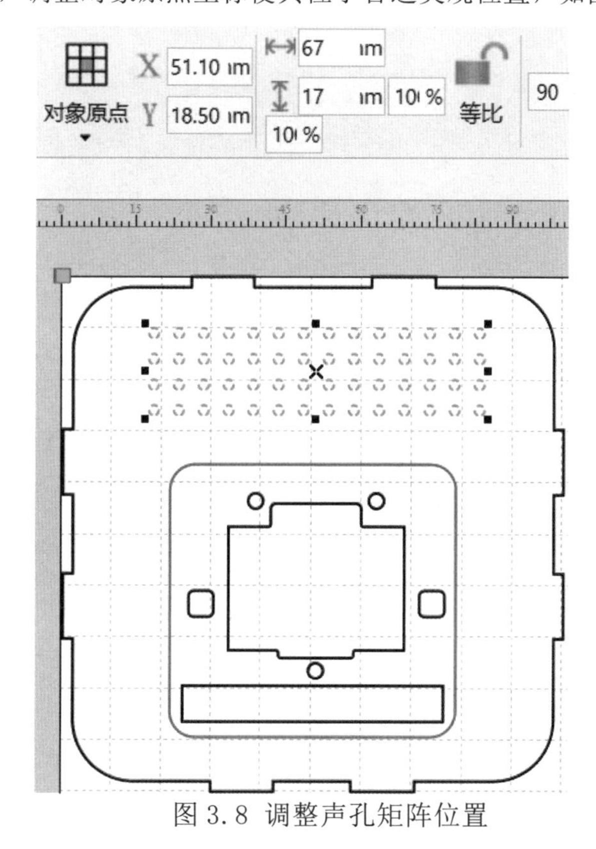

图3.8 调整声孔矩阵位置

至此，可以得到了拷问灵魂的闹钟的完整激光切割矢量图，如图 3.9 所示。

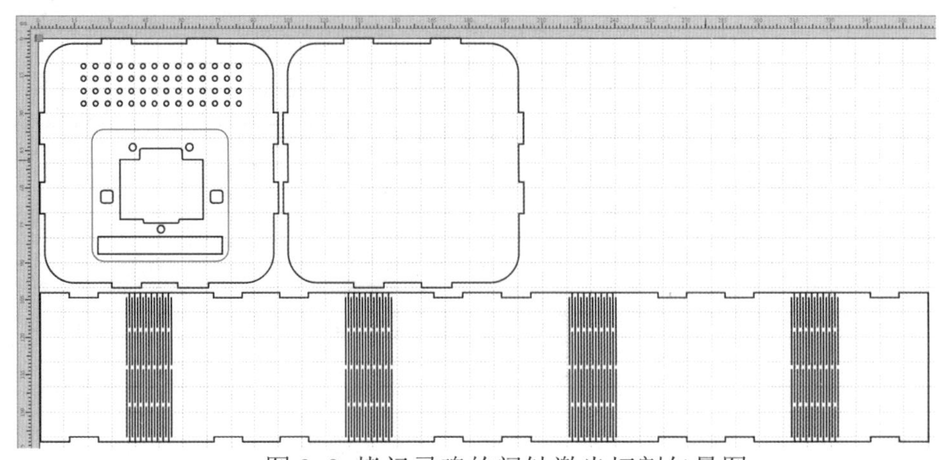

图 3.9 拷问灵魂的闹钟激光切割矢量图

现在需要使用激光切割机将矢量图变为实物。此次准备的切割材料为宽 450mm、高 300mm、厚 2mm 的椴木木板。

用数据线将电脑与激光切割机连接好后，点击加工面板中的“开始造物”按钮，切割机就会开始工作了。稍等片刻，木板就被加工成制作拷问灵魂的闹钟所需要的形状，如图 3.10 所示。

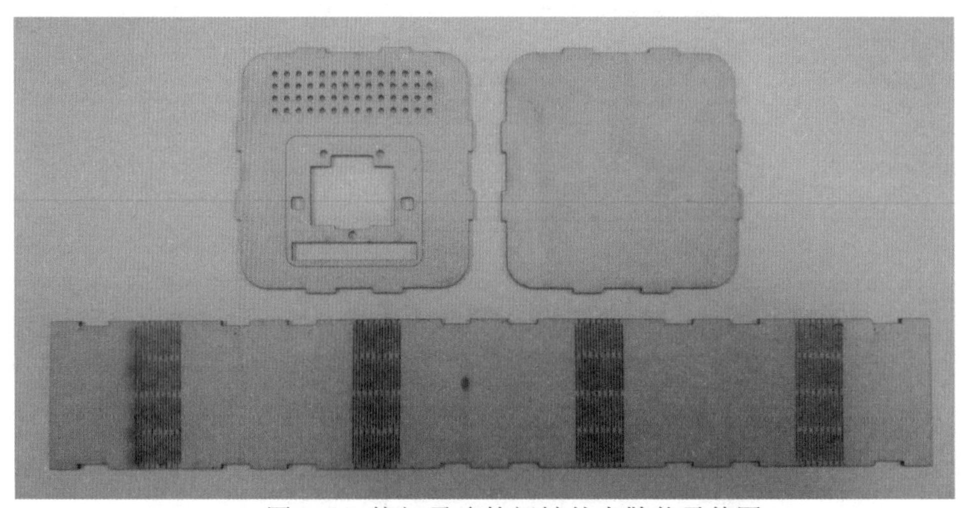

图 3.10 拷问灵魂的闹钟外壳散装零件图

（二）功能实现

1. 触摸传感器、蜂鸣器、OLED 液晶屏、麦克风的运用

（1）触摸传感器

触摸传感器是一种基于电容感应原理的设备，既可以感应人体的触摸，并可以感

应金属的触摸。

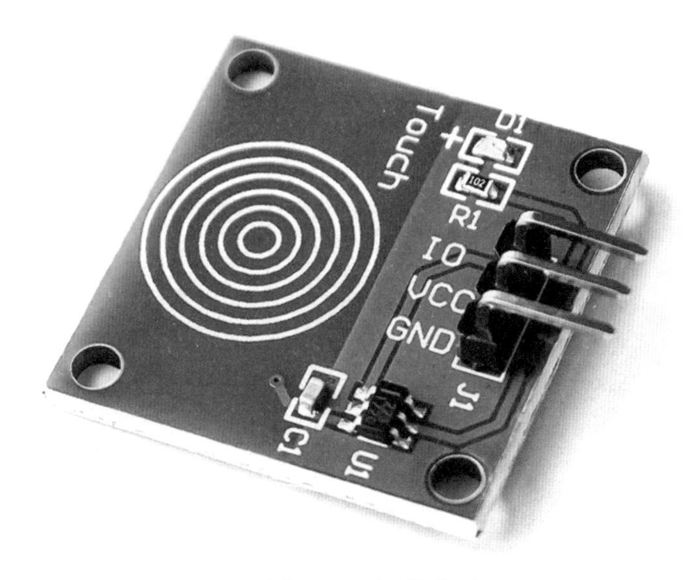

图 3.11 触摸传感器

触摸传感器只需轻轻触碰就能感应到，比按钮更敏感。

（2）蜂鸣器

蜂鸣器（英文 Buzzer）是一种可以发出声调的电子讯响器。广泛应用于计算机、报警器、电子玩具等电子产品中作发声器件。

图 3.12 蜂鸣器

蜂鸣器按其是否带有震荡源分为有源和无源两种类型。有源蜂鸣器内部带震荡源，所以只要一通电就会叫。而无源内部不带震荡源，所以若用直流信号无法令其鸣叫。

（3）OLED液晶屏

OLED是英文Organic Light-Emitting Diode的缩写，翻译过来即有机发光二极管。OLED显示技术具有亮度高、耗电低、反应速度快等优点，也是现在显示器的新兴应用技术。

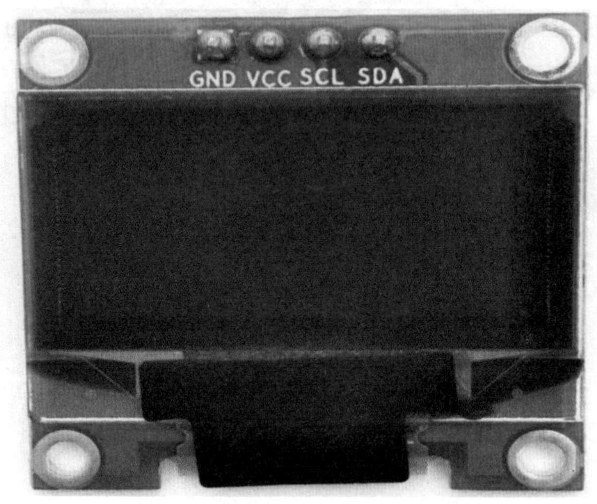

图3.13 OLED液晶屏

OLED的基本结构是由一薄且透明的铟锡氧化物（ITO），则与电力之正极相连，再加上另一个金属阴极，包成如三明治的结构。当有适当电压时，因其材料配方的差异产生红、绿和蓝RGB三基色，构成基本色彩。

（4）麦克风

麦克风，是将声音转换为电信号的设备。根据不同的转换机制，麦克风分为动态麦克风、电容式麦克风和压电式麦克风等类型。

图3.14 麦克风

2. 语音识别及基本原理

在人工智能快速发展的今天，语音识别技术开始越来越融入人们生活中。

语音识别技术就如同机器的“听觉系统”，让机器通过识别和理解过程把语音信号转变为相应的文本或命令。

语音识别系统本质上是一种模式识别系统，它的基本结构如下图所示：

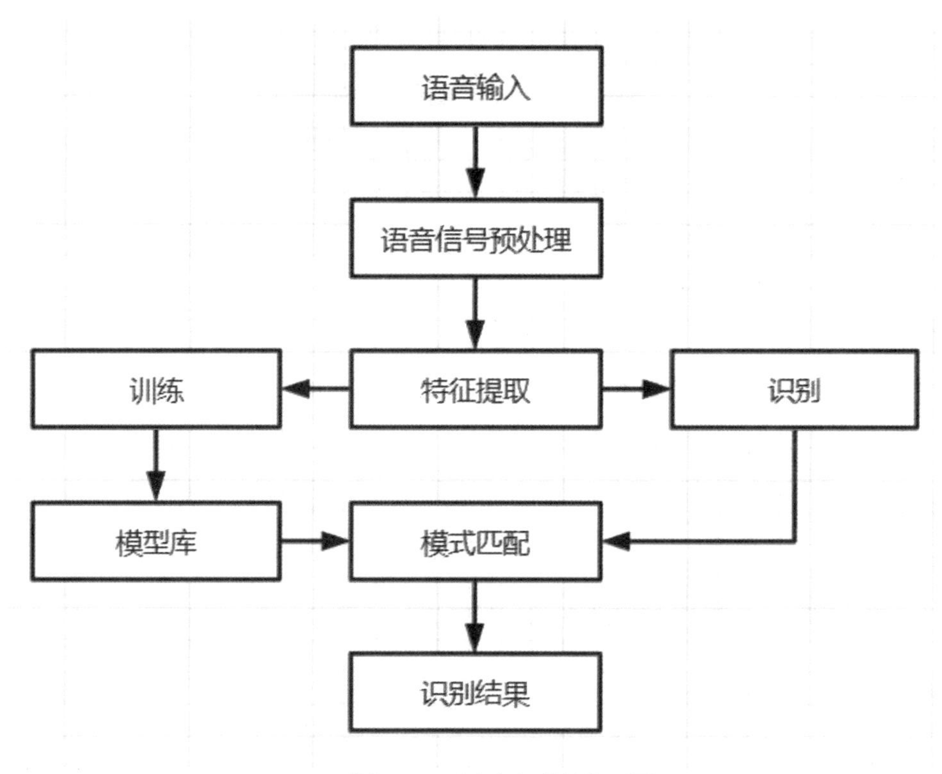

图 3.15 语音识别原理图

语音变换成电信号后，根据人的语音特点建立语音模型，分析语音信号，并抽取语音特征，建立语音模板。计算机根据语音模型，将存贮的语音模板与输入的语音信号进行特征比较，找出一系列最匹配的模板，之后给出识别结果。

3. 硬件组装及电路连接

拷问灵魂的闹钟的电路连接方法如图 3.16 所示。

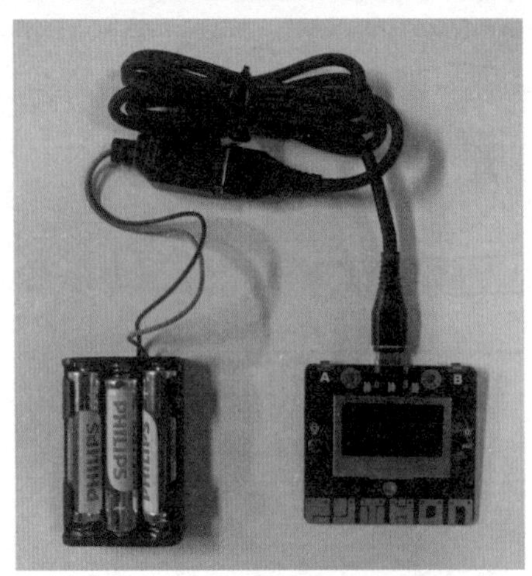

图 3.16 拷问灵魂的闹钟的电路连接

在组装拷问灵魂的闹钟的第一步，则需要使用螺丝螺母将掌控板连接在拷问灵魂的闹钟外壳的螺丝孔上，如图 3.17 所示。

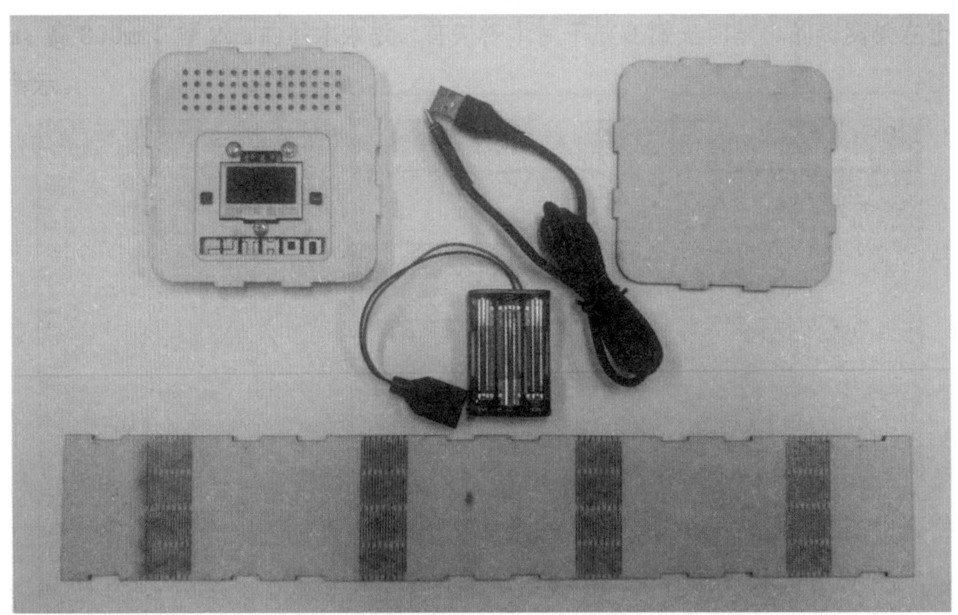
图 3.17 拷问灵魂的闹钟电子模块的安装

将所有零件拼接起来，然后得到了完整的拷问灵魂的闹钟实物，如图 3.18 所示。

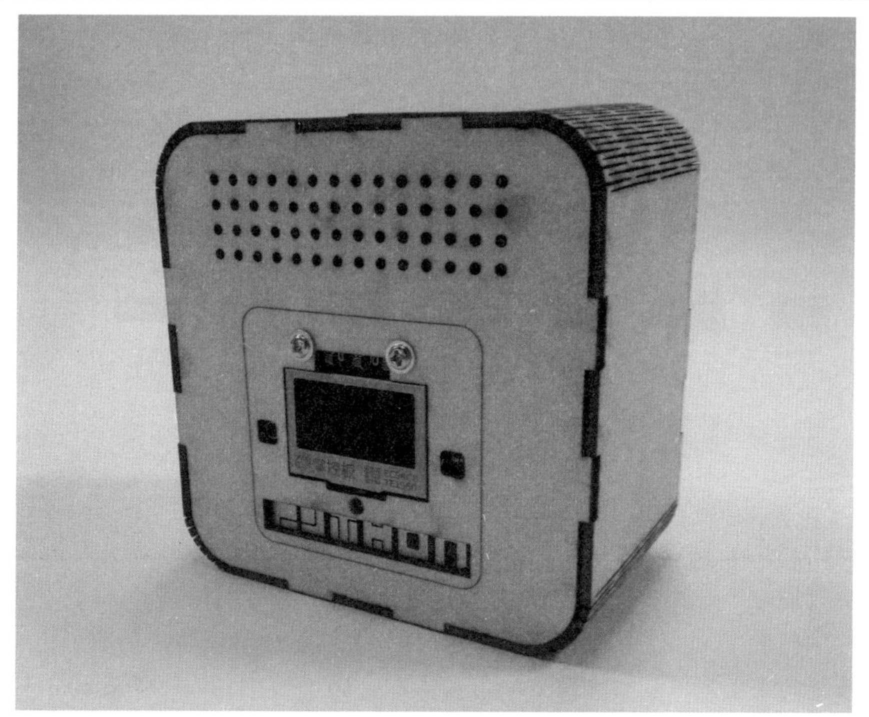

图 3.18 拷问灵魂的闹钟实物

4. 编程及调试

本项目中我们要实现的功能有：闲时显示网络同步时钟；闹铃后随机提问；提问后的语音识别与互动。

程序流程图如图 3.19 所示。

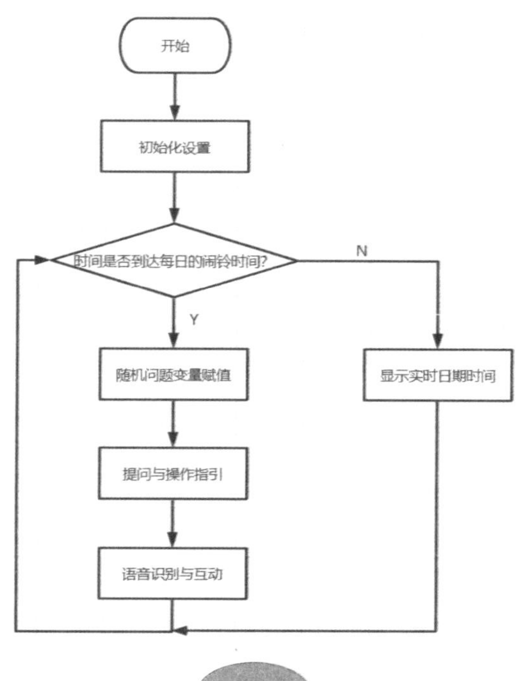

图 3.19 程序流程图

我们启动 mind+ 软件后，点击“硬件扩展”按钮，此时软件窗口切换到“选择主控板”页面，如图 3.20 所示。

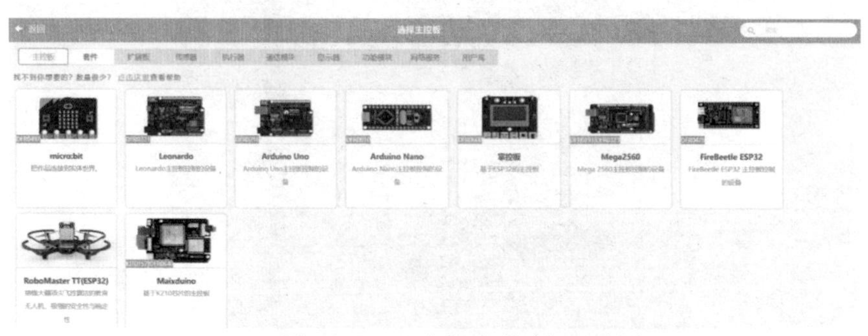

图 3.20 “选择主控板”页面

点击“掌控板”，再点击“返回”后，软件积木区就会出现掌控类图形化编程积木，可以通过这类积木编程控制掌控板上的板载硬件。如图 3.21 所示。

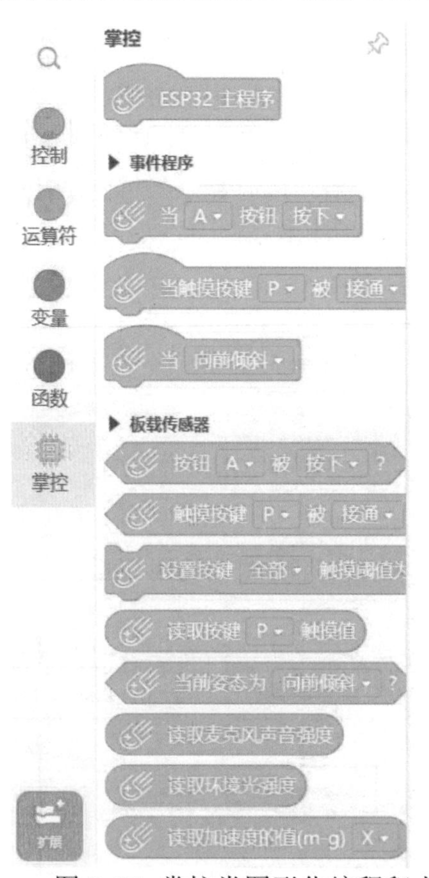

图 3.21 掌控类图形化编程积木

因本项目作品需要调用网络时间，所以我们需要在“初始化设置”这一步骤中进行 WiFi 设置，等待作品连接到网络后，再让设备连接网络时间服务器。

点击“硬件扩展”按钮，再点击切换到“选择网络服务”页面，单击加载“Wi-Fi”和“NTP”模块，如图 3.22 所示。

图 3.22 加载“Wi-Fi”和“NTP”模块

点击“返回”之后，我们软件的积木区就会出现网络类图形化编程积木，并加载了 WiFi 功能和网络时间功能，可以通过这些积木编程控制掌控板。如图 3.23 所示。

图 3.23 网络类图形化编程积木

接下来我们就可以进行“初始化设置”步骤的程序编写了。WiFi 连接需要用到图 3.24

所示的积木。

图 3.24 WiFi 连接所需积木

连接网络时间服务器，我们需要用到图 3.25 所示的积木。

图 3.25 连接网络时间服务器所需积木

更改WiFi积木的名称和密码与连接的目标WiFi相一致，并再加入显示屏反馈信息，“初始化设置”的程序就完成了，如图 3.26 所示。

图 3.26 初始化设置

由于本项目程序步骤较多，为方便观察，我们可运用函数类积木的自定义模块功能对各个步骤进行自定义划分。

首先我们进行“初始化设置”步骤的自定义。选择函数类积木，并点击“自定义模块”按钮后，在弹出的“添加一个自定义模块”对话框中修改积木名称为“初始化设置”，如图 3.27 所示。

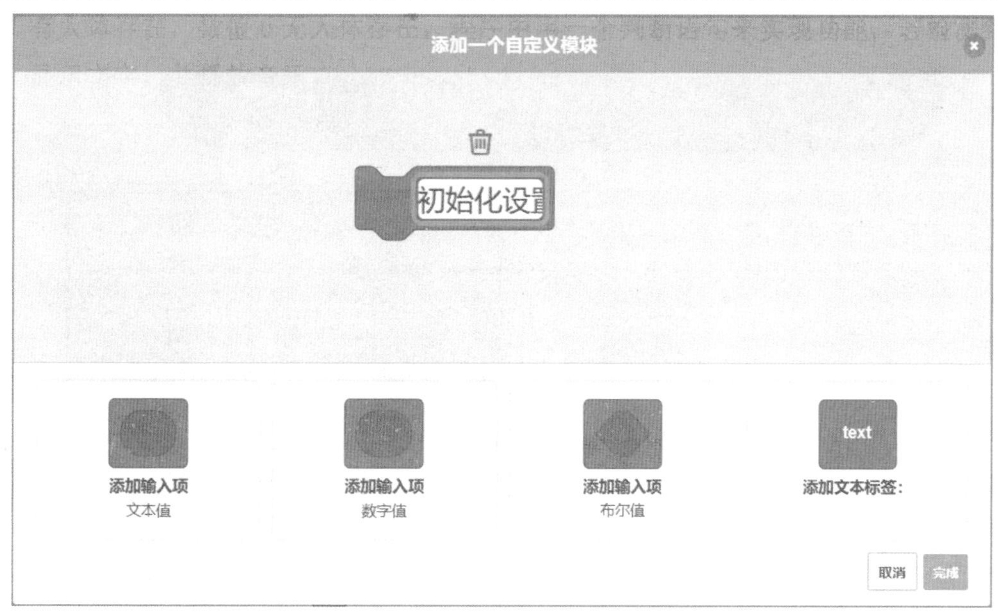

图 3.27 添加一个自定义模块

点击“完成”按钮后，编程区内会出现一个名为“定义‘初始化设置’”积木，将它拼接在“初始化设置”程序的最上方，“初始化设置”步骤的自定义程序就完成了，如图 3.28 所示。

图 3.28“初始化设置”步骤自定义程序

接下来根据流程图，我们编写一个不断循环的判断语句，此时则需要用到获取时间的积木，如图 3.29 所示。

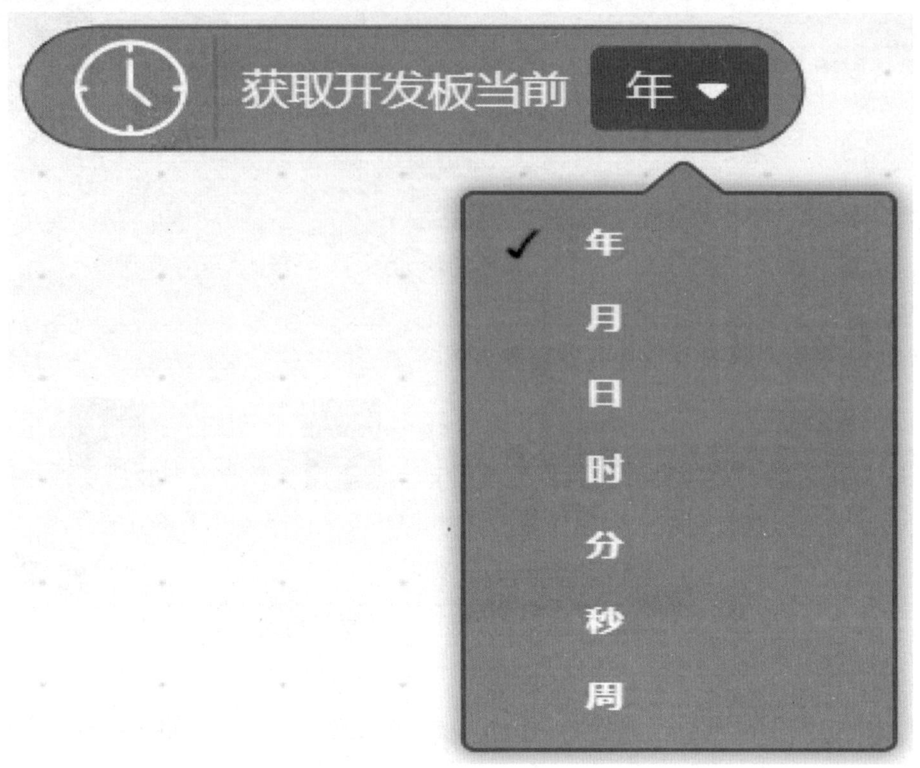

图 3.29 获取时间的积木

这里我们不妨将闹铃时间设置为每天的 8：00，程序如图 3.30 所示。

图 3.30 定时闹铃程序

当判断为闹铃时间时，依次执行“问题随机性设置”、“提问”、“语音识别和互动”步骤；判断为非闹铃时间时，执行“显示实时日期时间”步骤。

在闹铃响后的提问中需要实现随机问题的功能，我们计划设置的问题为计算题“a×b=?”，其中 a、b 均为 1 ～ 50 范围内的随机数。因此“问题随机性设置”步骤自定义程序如图 3.31 所示。

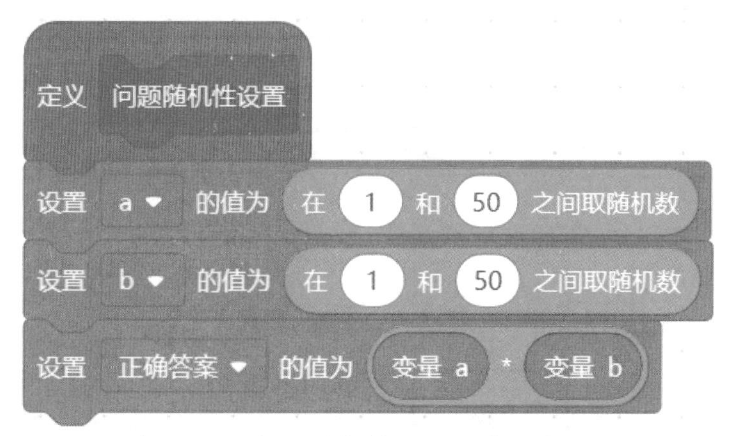

图 3.31 “问题随机性设置”步骤自定义程序

在“提问”步骤中，需要通过掌控板显示屏来显示闹钟提出的问题，我们需要用到图 3.32 所示的积木。

图 3.32 屏幕显示文字编程积木

“提问”步骤的自定义程序如图 3.33 所示。

图 3.33 “提问”步骤自定义程序

“提问”步骤之后，在接下来的“语音识别与互动”步骤，其需要实现语音识别和互动两方面的功能。程序流程图如图 3.34 所示。

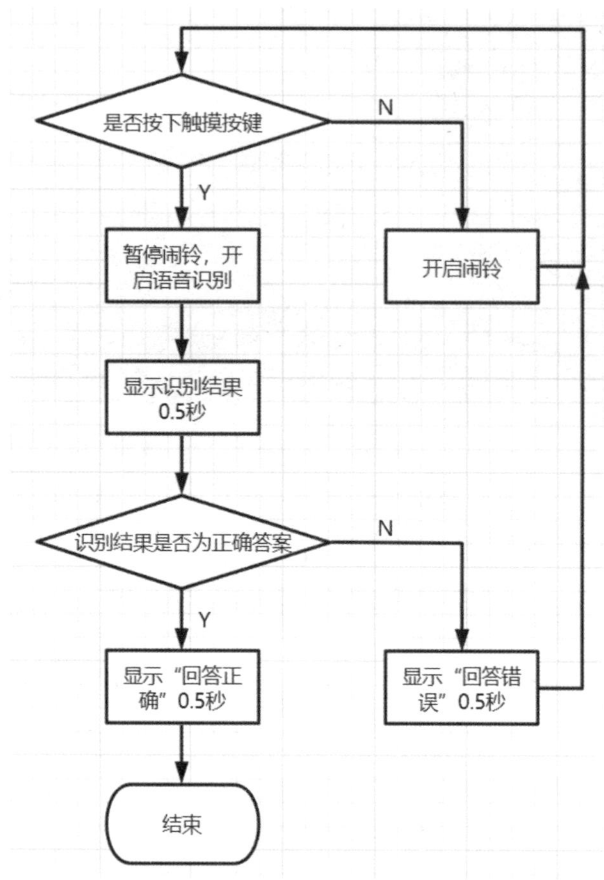

图 3.34 “语音识别与互动”步骤程序流程图

其中语音识别功能需要用到“WiFi 语音识别”积木。并点击“硬件扩展”按钮，再点击切换到“选择用户库”页面，在搜索框中搜索“WiFi 语音识别”，在之后单击加载“WiFi 语音识别”模块，如图 3.35 所示。

图 3.35 加载“WiFi 语音识别”模块

点击“返回”之后，我们软件的积木区就会出现用户库类图形化编程积木，并加载了 WiFi 语音识别功能，可通过这些积木编程控制掌控板。如图 3.36 所示。

图 3.36 用户库类图形化编程积木

需要注意的是，语音识别功能会将数字识别为整数类型的字符串，因此我们在使用“语音识别结果中包含”这条积木时，需要与图 3.37 所示的积木配合使用。

图 3.37 转换数据类型的编程积木

此外，互动功能的实现除了需要屏幕用于显示信息之外，还需要用到板载触摸按键用于开启语音识别、板载蜂鸣器用于播放闹铃声。这些功能可通过如图 3.38 所示积木来实现。

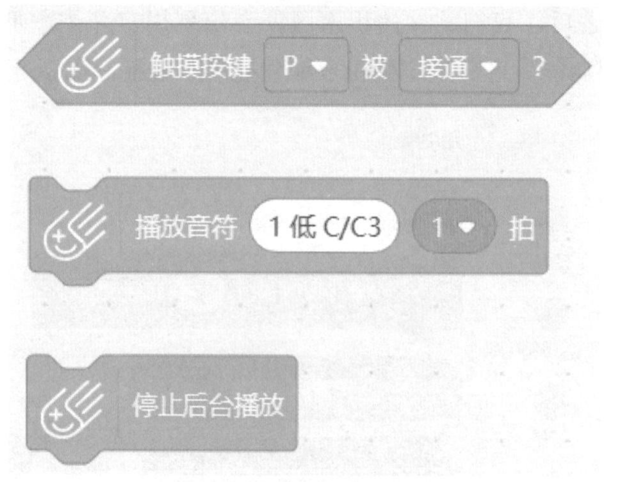

图 3.38 板载触摸按键和板载蜂鸣器编程积木

根据流程图，“语音识别与互动”步骤自定义程序如图 3.39 所示。

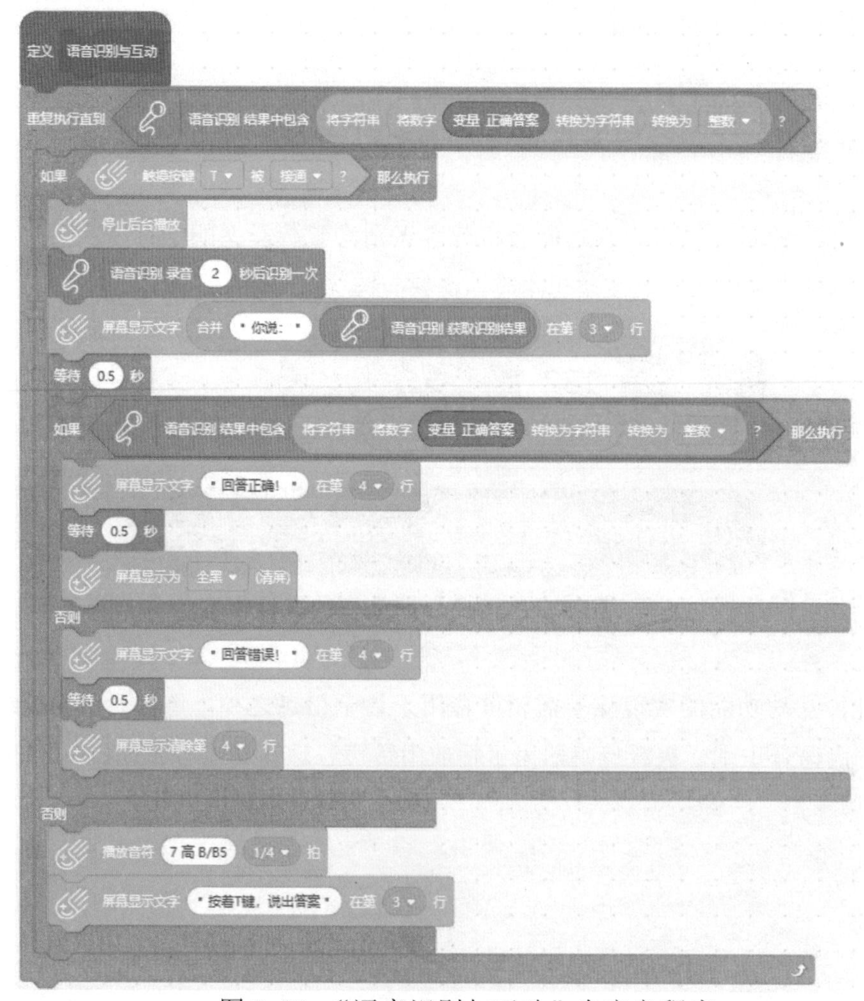

图 3.39 “语音识别与互动”自定义程序

“显示实时日期时间”步骤自定义程序如图 3.40 所示。

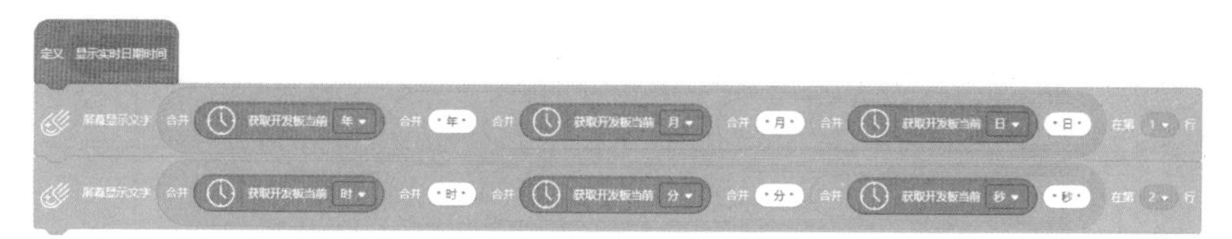

图 3.40 “显示实时日期时间”自定义程序

综上所述，“拷问灵魂的闹钟”主程序则如图 3.41 所示。

图 3.41 “拷问灵魂的闹钟”主程序

最后，将程序上传到闹钟的掌控板中，我们拷问灵魂的闹钟就完成。

二、分享与评价

项目完成评价表

学生姓名____________ 作品名称____________

项目	分值	评分标准	自评		互评		教师评价	
			扣分	得分	扣分	得分	扣分	得分
科学性	25	器件选用与装置设计符合科学方法，具有智能扩展性。能体现或解决实际问题，有一定应用价值。所有电路正确搭接。						
完整性	30	有详细的器材清单、作品源代码。功能齐全、设计完善、运行流畅。						

创新性	20	结构新颖，设计巧妙，有一定的创新。作品具有一定想象力和特点，能够表达设计理念、相关技术的应用。						
协作性	15	分工明确、协同合作、灵活应变。						
美观性	10	切合主题、布局合理、结构稳定整体大方美观。						
总分		满分 100 分，总分 85 分以上为优秀，75 ～ 84 为良好，65 ～ 74 为中等，60 ～ 65 为合格，60 分以下为不合格。	最终评级：					

三、延伸与扩展

这个项目中，将语音识别与掌控板结合，做了一个可联网的拷问灵魂的闹钟。
想一想，能不能运用视觉识别，给拷问灵魂的闹钟增加人脸识别的功能？
动一动手，通过增加上面的功能，使拷问灵魂的闹钟更具方便智能吧。

第四章 察言观色智慧门

学习目标

【知识目标】

1. 了解门的来源以及发展史。

2. 掌握舵机，人脸视觉识别等工作原理。

【能力目标】

1. 学习激光雕刻智慧门，掌握智慧门建模特点。

2. 利用开源编程知识，赋予智慧门开门的功能。

一、导学与思考

（一）项目导学

在生活中我们会遇见各种各样的门锁，开锁的方式也更加多元化，尤其是近年来随着时代和智能科技的不断发展，重新定义了开门方式，开启智能生活，来丰富我们的生活。比如说一件开门 APP，密码锁，人脸识别开锁，人脸识别开锁最为突出，同学们有没有想过人脸识别开锁是怎么制作的呢？

本节课我们将使用激光雕刻机切割出一个人脸识别察言观色智慧门，现在同学们想一想，在生活中见到过哪些常见的让人记忆深刻的开门方式呢？请同时描绘出自己想要切割出的察言观色智慧门造型。

在本项目中请大胆猜测下门是具体怎么实现转动的？

（二）项目分析

需求分析	实现方式（材料 / 工具）
需要设计外观图形	LaserMaker 软件
需要制作项目外壳结构	木材以及激光切割机

需要编写项目程序	Mind+ 软件
需要有项目控制中枢	掌控板，扩展板，HUSKYLENS 二哈识图，舵机

二、制作流程

（一）制作“察言观色智慧门”的外形

1. “察言观色门”的矢量绘制

我们计划将察言观色智慧门的外形制作成门左侧人脸识别，右侧则用于是否识别成功的屏幕显示，具体如图 4.1 所示：

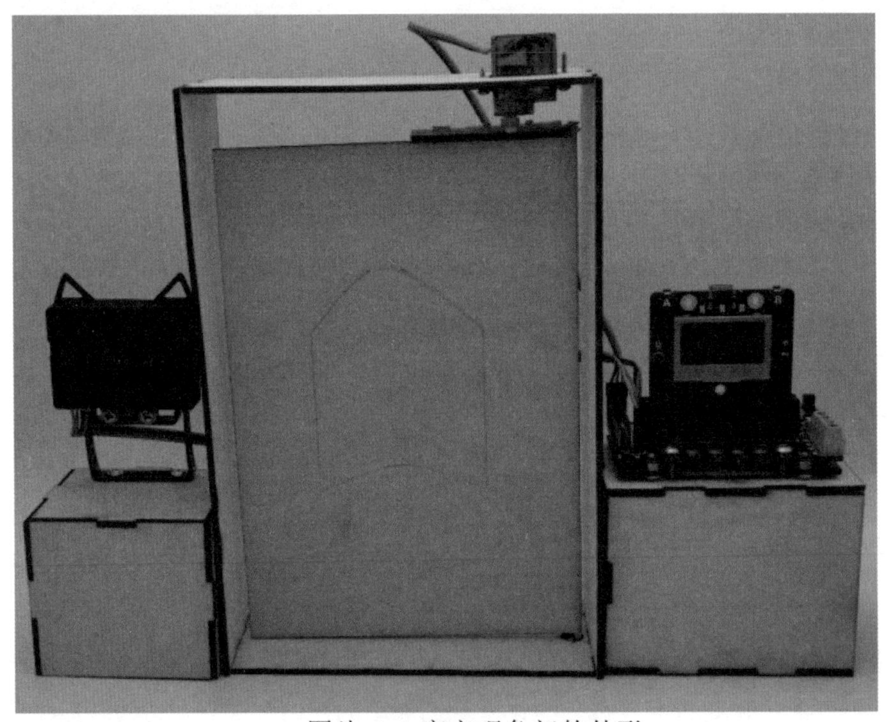

图片 4.1 察言观色门的外形

首先利用一键造物造出智慧门的平面部分，在对门和门框的底部进行修改，值得注意的是：门框两边需要是无凹槽的，后面会做出调整，打开 LaserMaker 软件。选择一件造物，数据如图 4.2 所示。

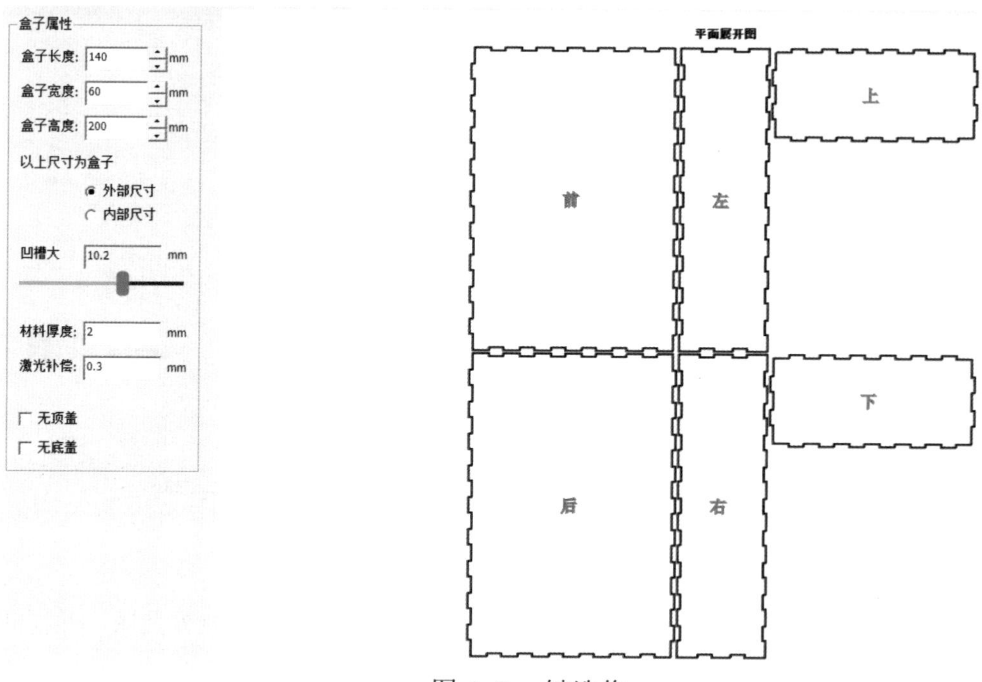

图 4.2 一键造物

前后两面以及红色确定位置的字是多余的可以点击删除，则需要保留左右上下两边的边框，如图 4.3 所示。

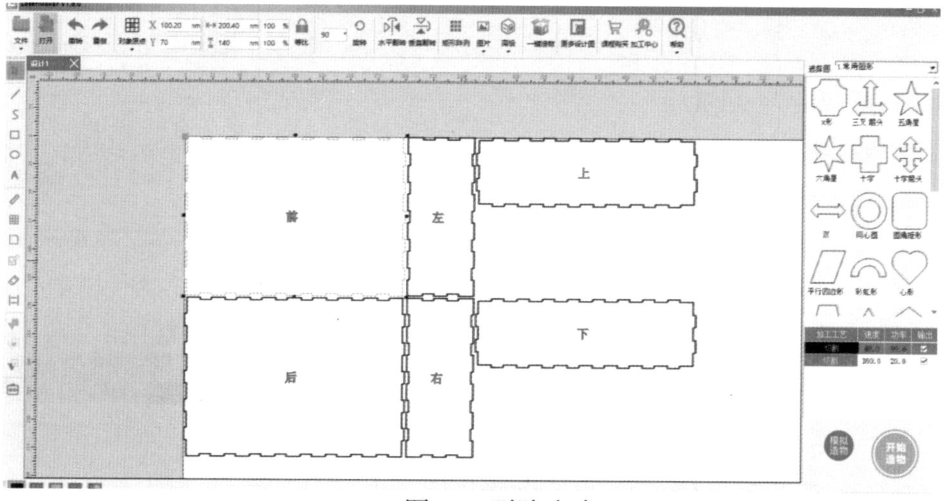

图 4.3 删除多余

只需保留门框部分，在工作区选中要删除的前后部分，点击鼠标右击删除，删除效果如图所示。

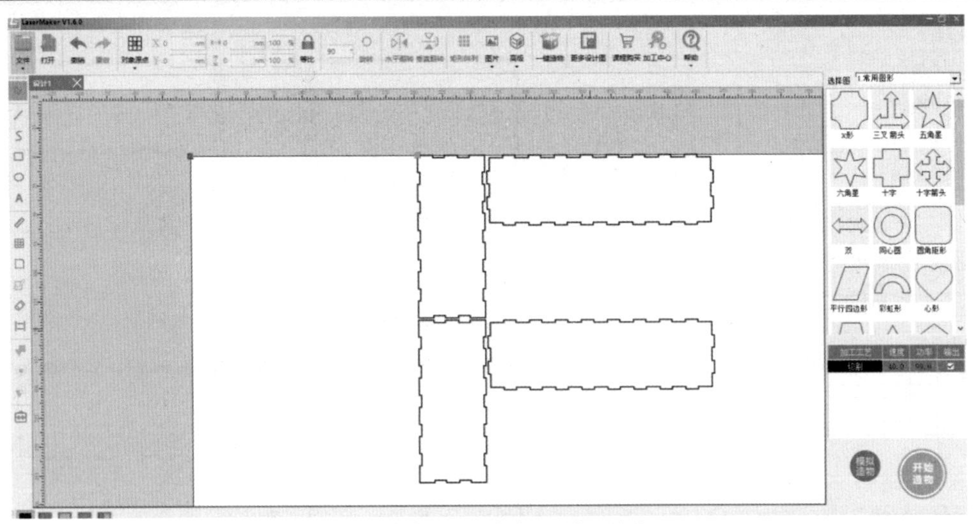

图 4.4 删除后效果图

找到软件右方选择图里面的机械结构，并选择 9g 舵机激光切割安装图，并拖动到绘图区域中。

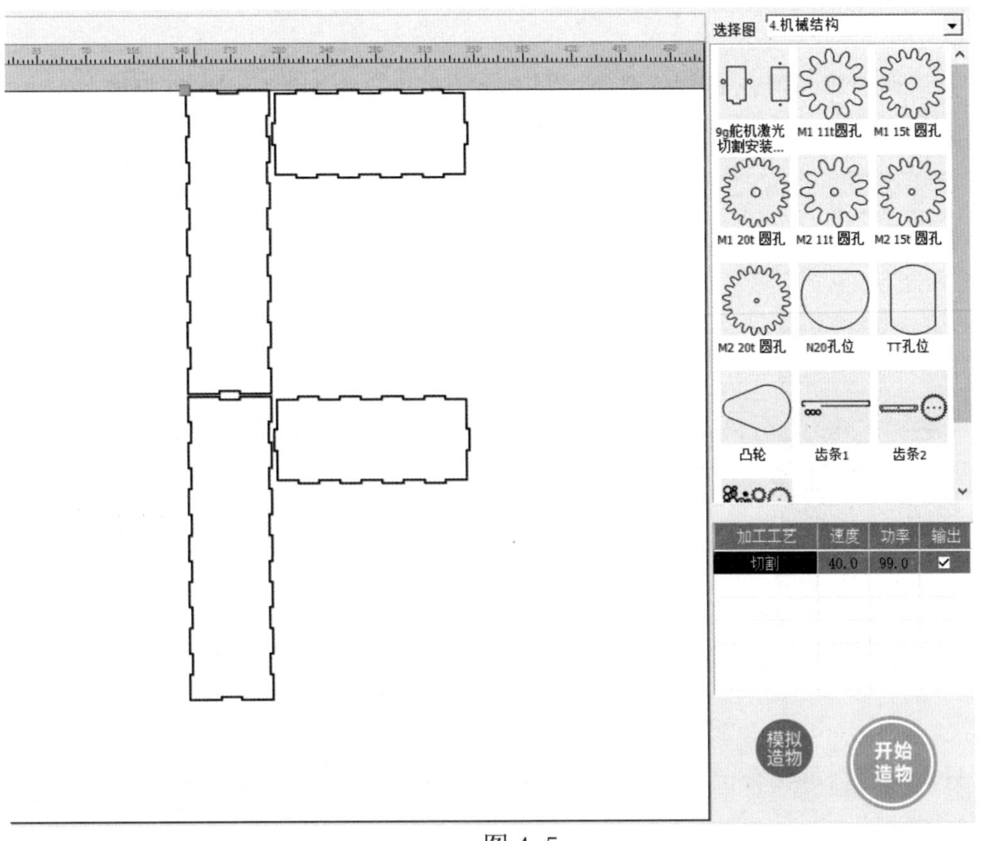

图 4.5

选择旋转工具，把舵机的孔位旋转 90 度，选择合适的位置移动到门框上方。如图 4.6

所示。

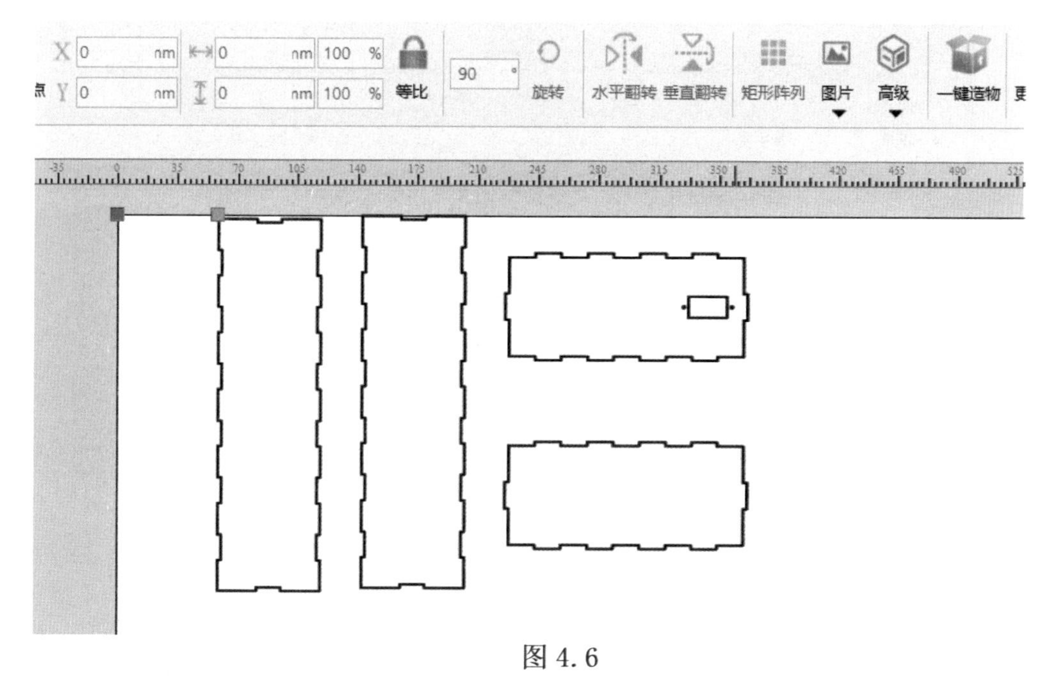

图 4.6

点击左侧工具栏中的橡皮擦工具，对智慧门底部的框架凹槽口多余部分进行修剪。如图 4.7 所示。

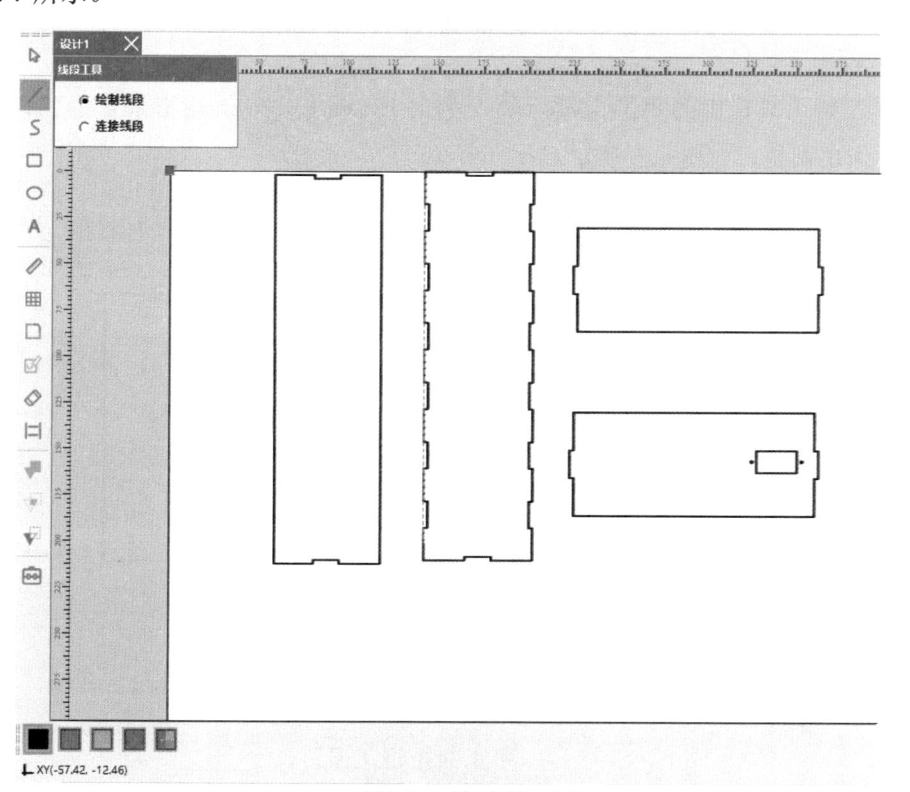

图 4.7 橡皮擦工具

智慧门底部的框架凹槽口多余部分进行修剪，其修剪效果如图 4.8。

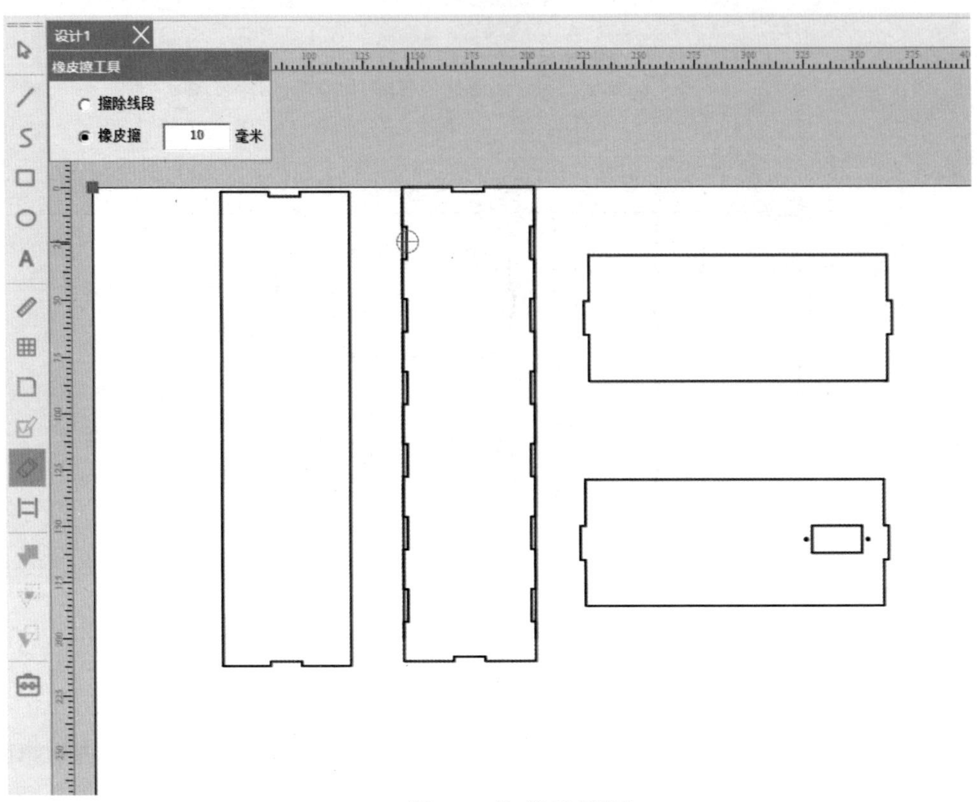

图 4.8 修剪效果图

选择左侧工具栏中的矩形工具，做一个宽 126mm 长 180mm 矩形来作为门，具体尺寸可自行作出调整，如图 4.9 所示。

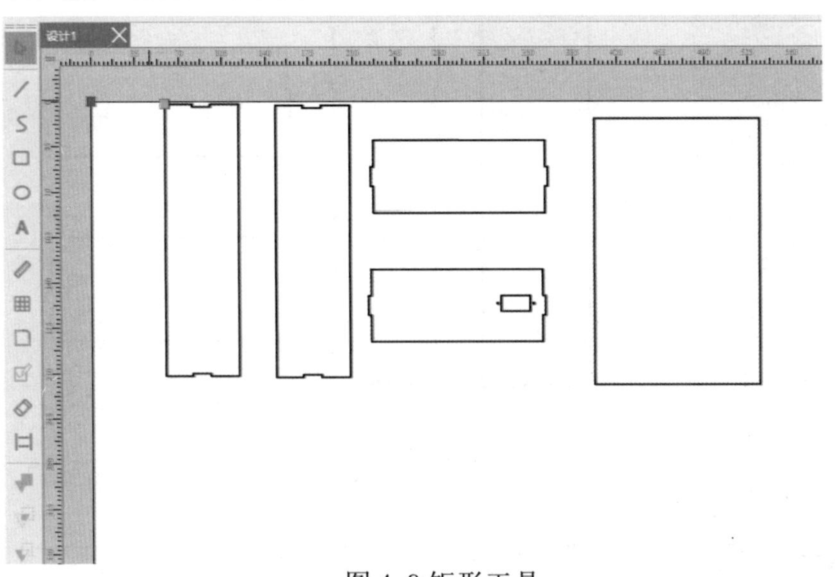

图 4.9 矩形工具

在左侧工具栏中选择矩形工具，在门的底部做一个门支撑点，宽 4mm 长 5mm，如图 4.10。

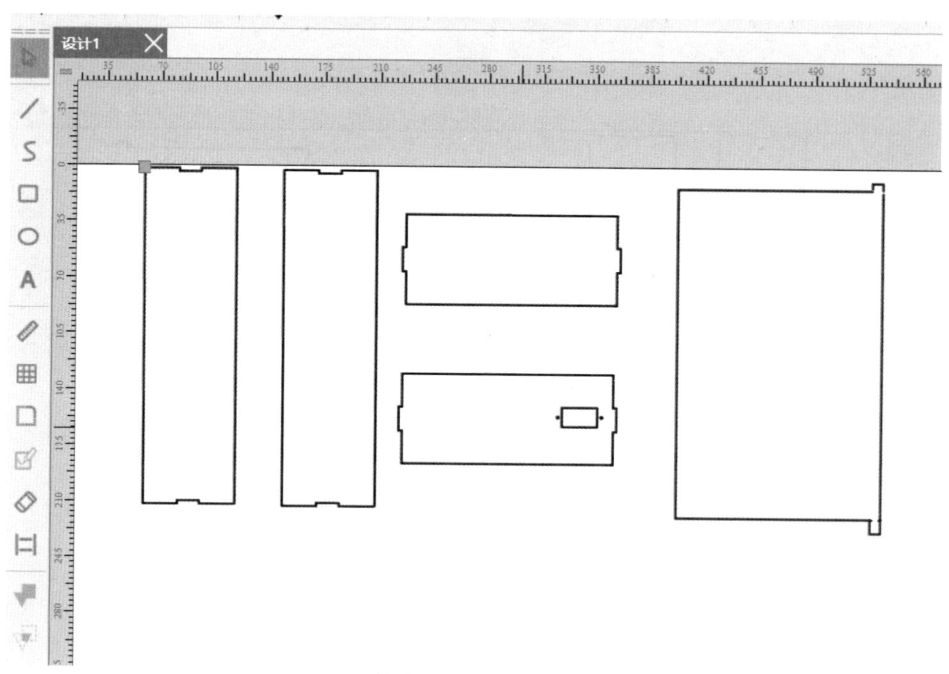

图 4.10 门的支撑点

在门上面勾勒出门的轮廓，同时选择椭圆形工具，工具如图 4.11 所示。

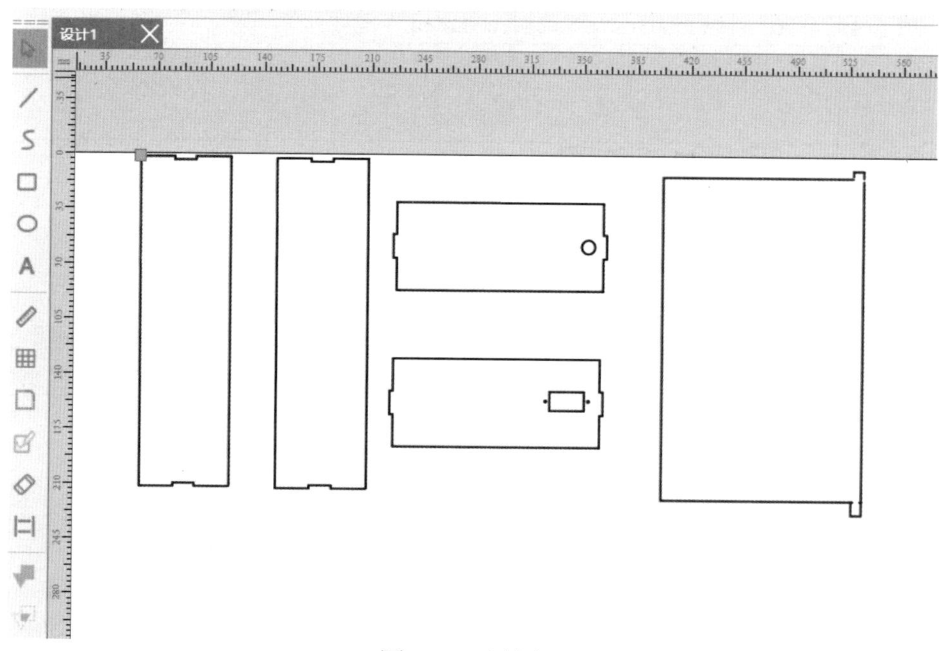

图 4.11 椭圆形工具

首先用两根线条平行的在门的中间部分，之后再用 B 线条上下两部分按照低高低的连接顺序，如图 4.12 所示。

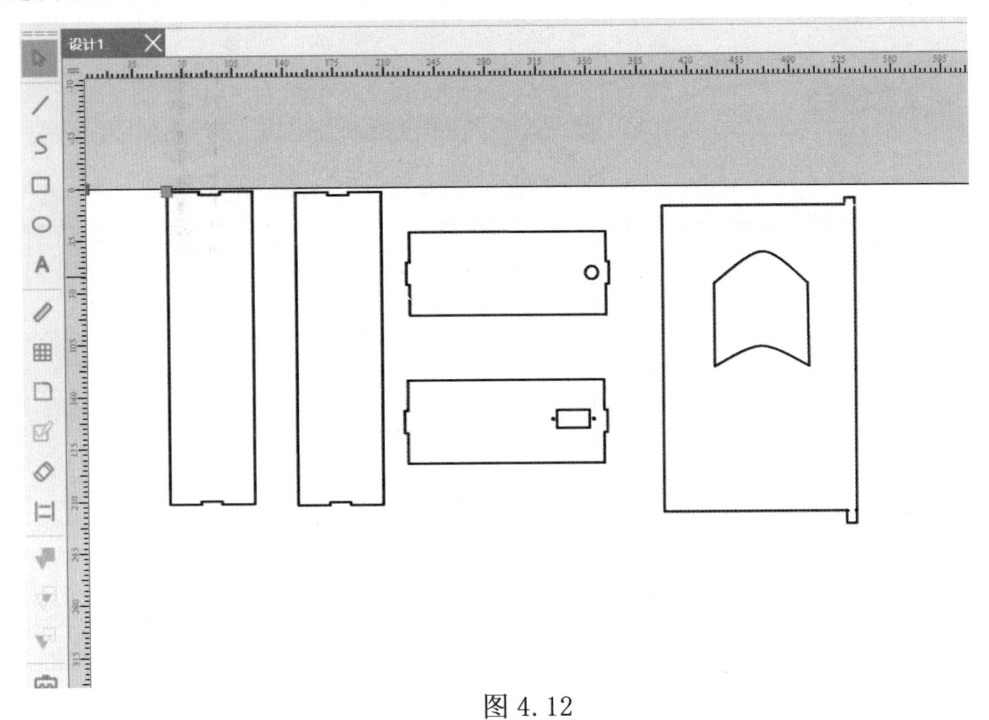

图 4.12

间的连接件，长 50mm 宽 8mm，如图 4.13 所示。

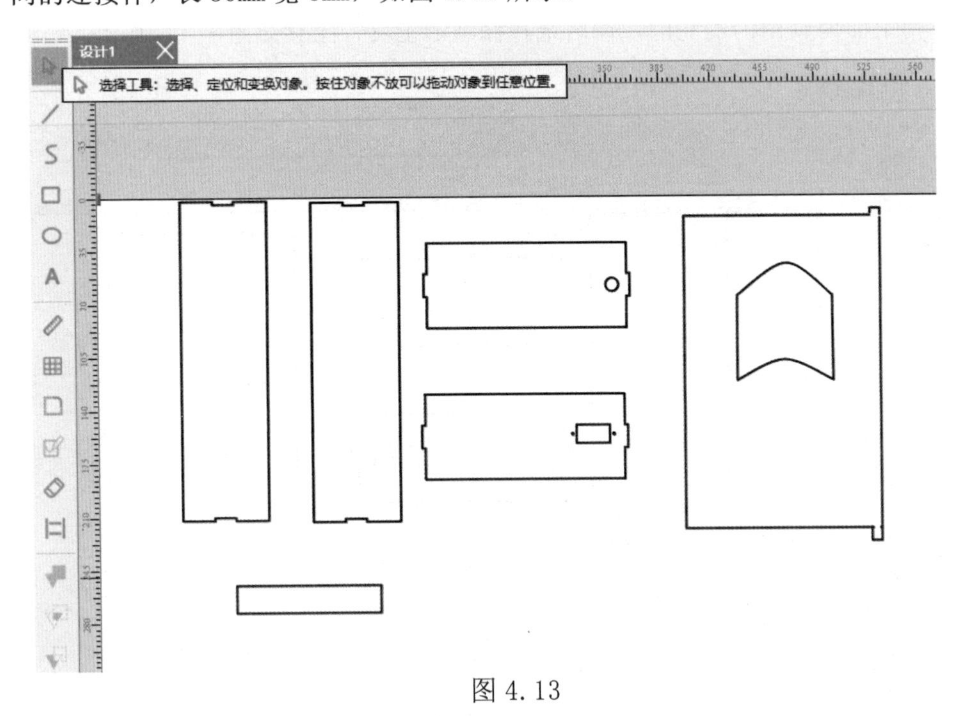

图 4.13

选择B线条工具，如图4.14，连接件最右侧设计为椭圆状，大大方便开关门减少摩擦力。

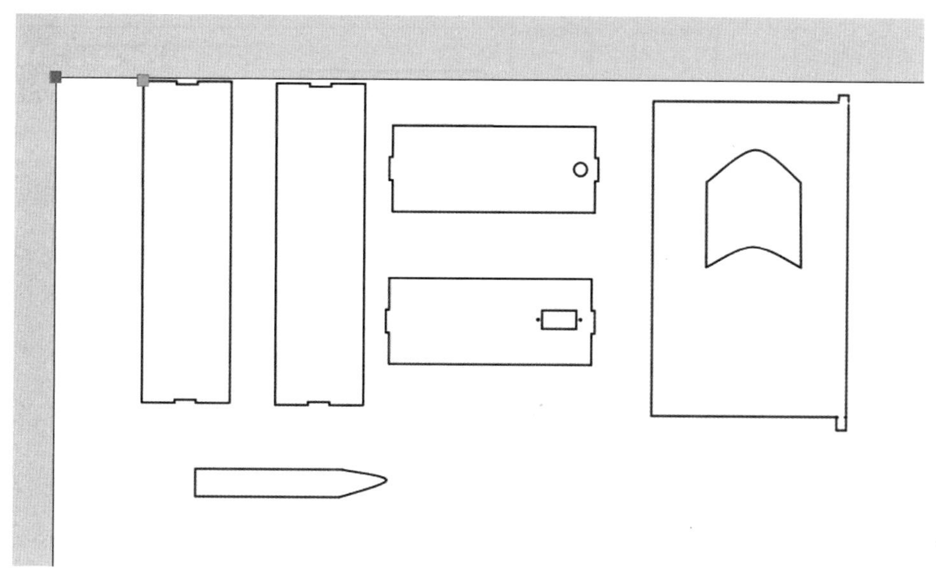

图4.14

选择左侧工具栏中的橡皮擦工具，将B线条之外多余线条删除，如图4.15。

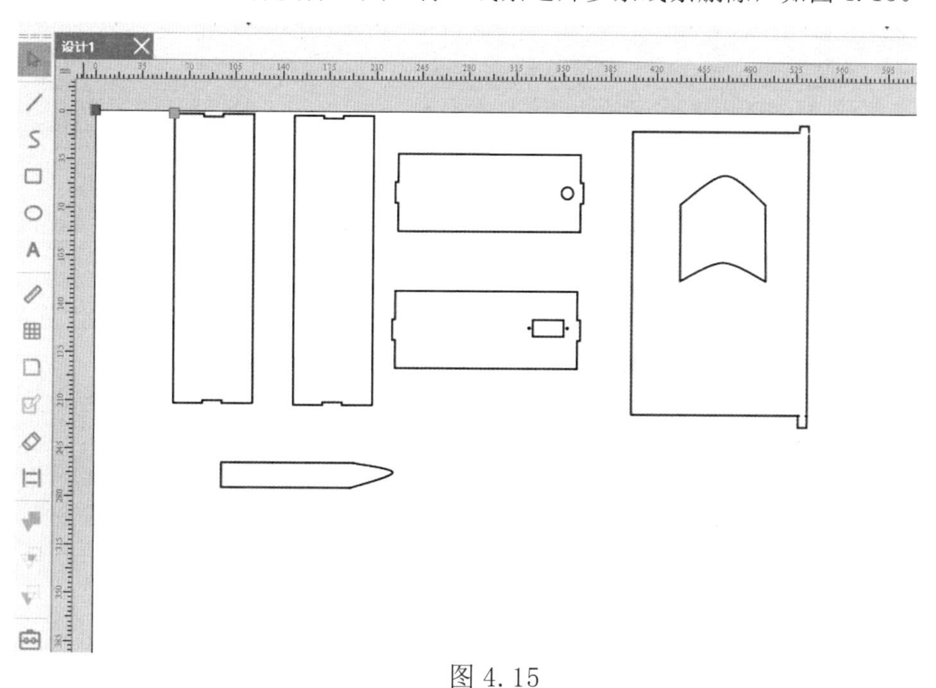

图4.15

在左侧工具栏中，选择矩形工具在如图4.16处，画出矩形长12mm宽2mm的矩形，作为与门连接处的凹槽。

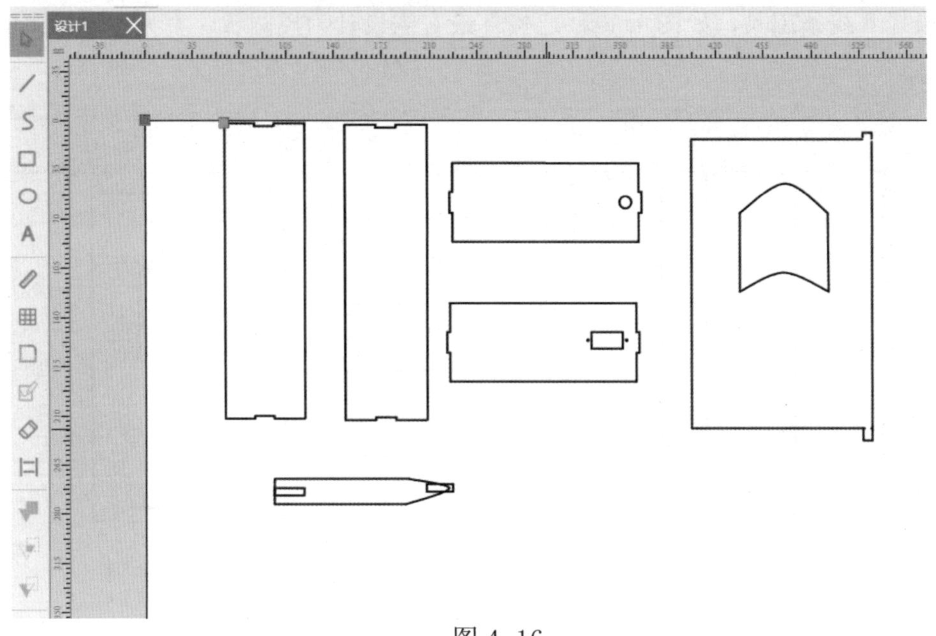

图 4.16

选择左侧工具栏中的橡皮擦工具，并将连接处最右侧多出椭圆部分线条删除，如图 4.17 所示。

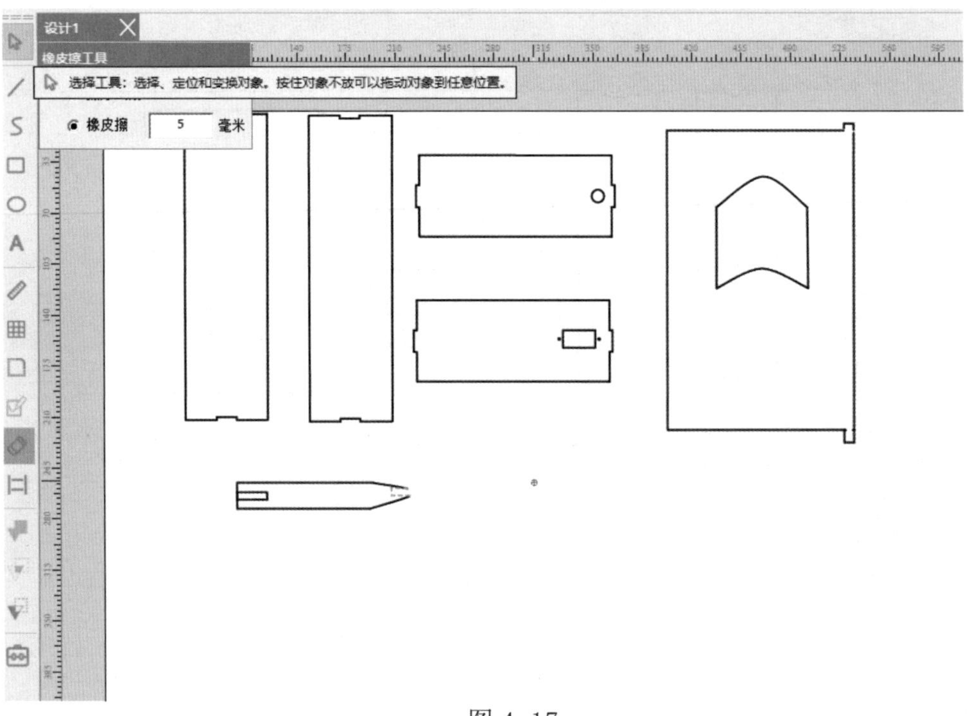

图 4.17

打开右侧工具栏中机械结构中的舵机，长按舵机模块拖到工作台之中，选取舵机中的孔位到连接件中，多余的舵机件删除。如图 4.18 所示。

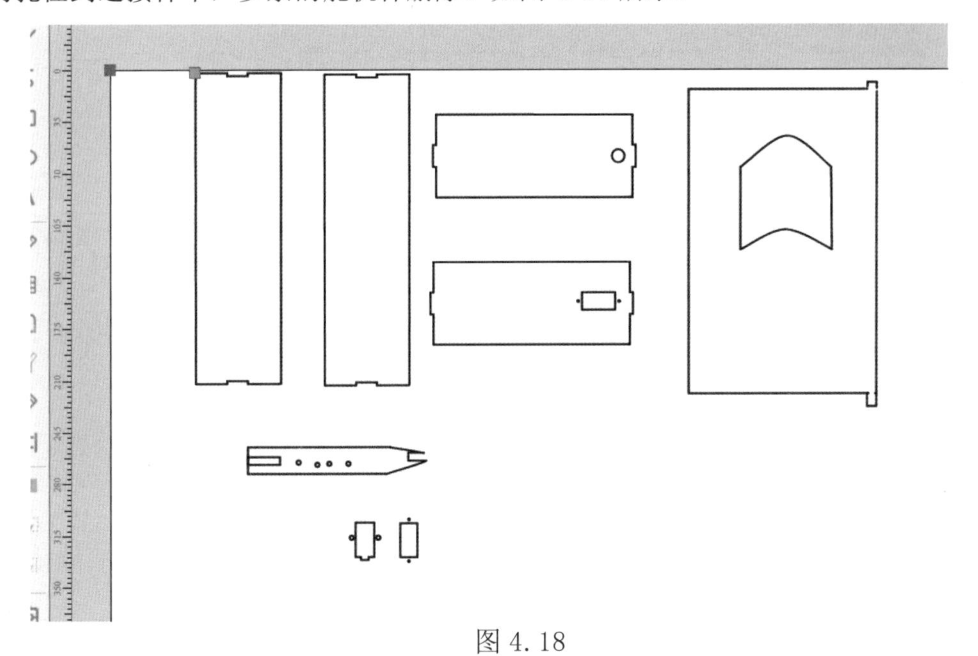

图 4.18

选择矩形工具在门的最顶部做一个凸起部分，与门连接件对齐，确保连接件凹槽能够与门最上部分对齐，如图 4.19 所示。

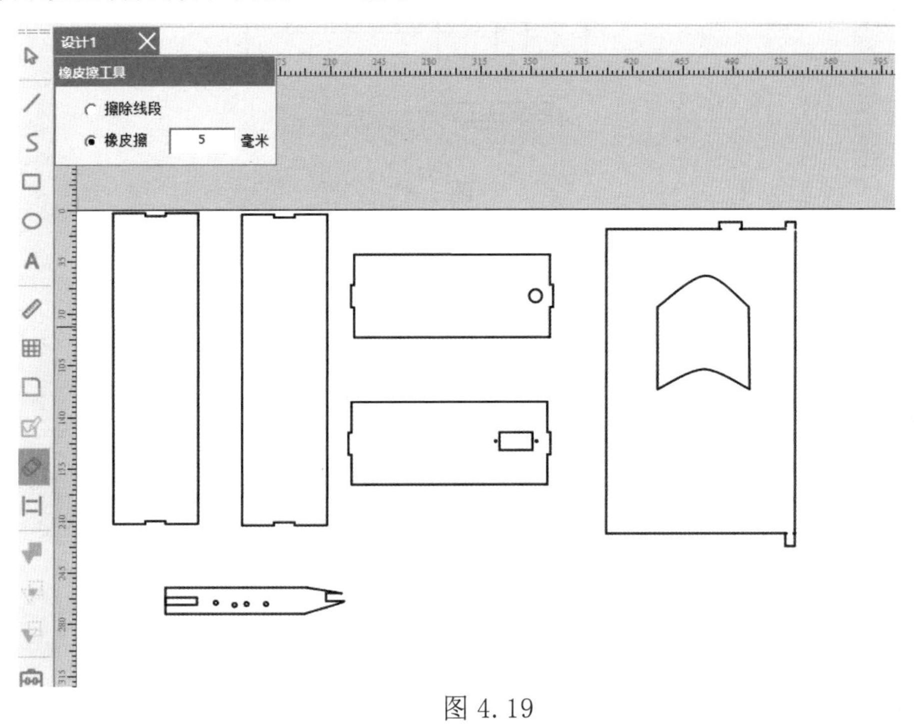

图 4.19

制作扩展板的底座，首先应一键造物选择合适的尺寸，如图 4.20 所示。

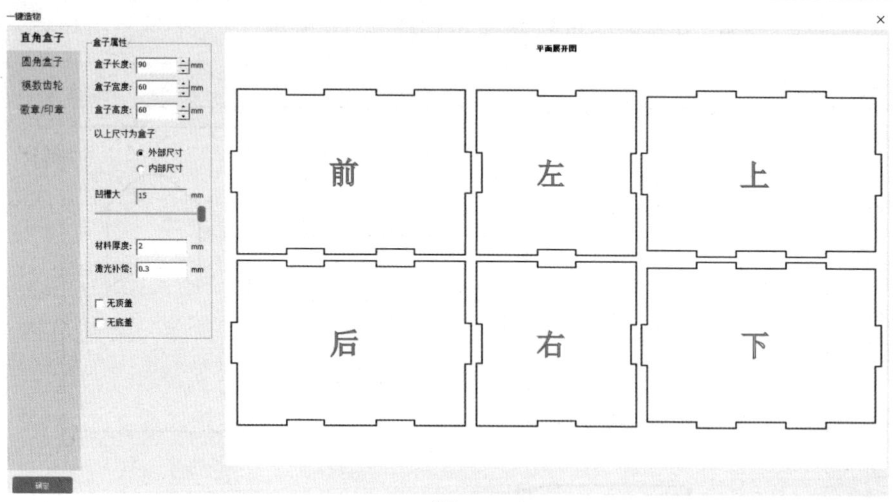

图 4.20

在盒子的顶部选择合适的孔位，并用来固定扩展板，如图 4.21 所示。

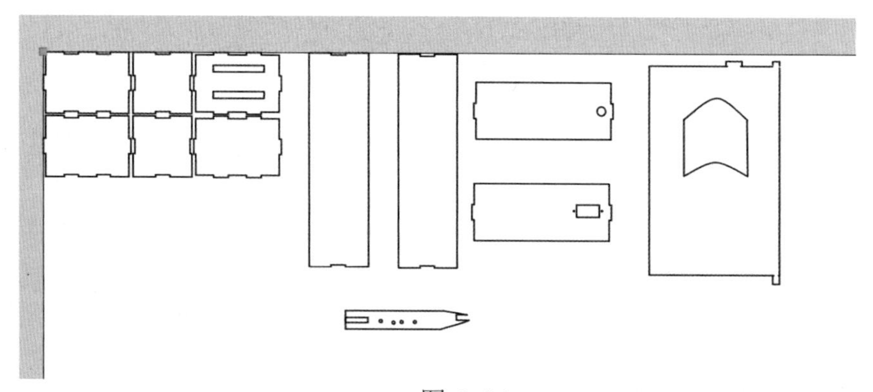

图 4.21

制作掌控版的底座，首先一键造物选择合适的尺寸，其如图所示 4.22。

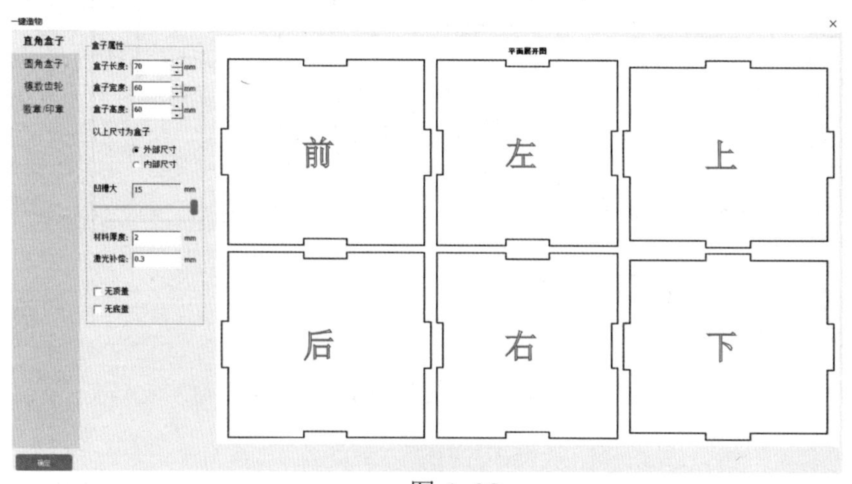

图 4.22

制作掌控版的底座，首先一键造物选择合适的尺寸，其如图所示 4.23。

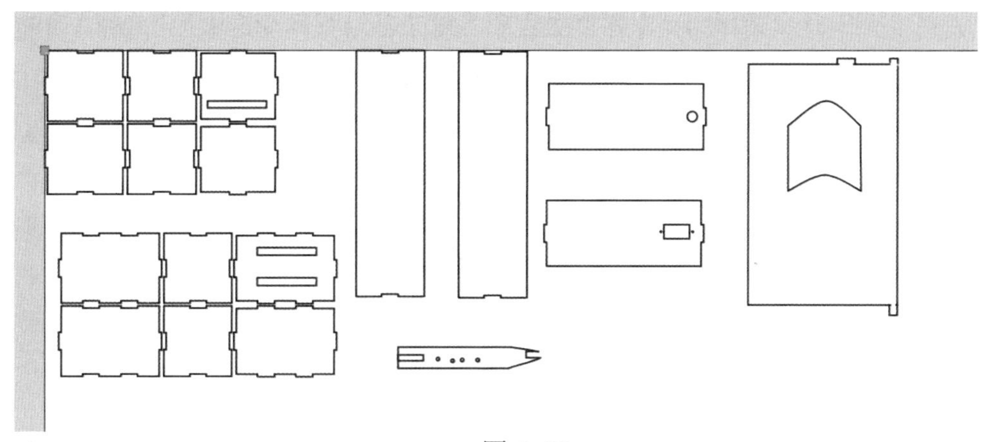

图 4.23

（二）功能实现

1. 人脸视觉识别

人脸识别（Face Recognition）是基于人的脸部特征信息进行身份识别一种生物识别技术。人脸识别利用摄像机或摄像头采集含有人脸的图像或视频流，并自动在图像中检测和跟踪人脸，进而对检测到的人脸图像进行一系列的相关应用操作。技术上包括图像采集、特征定位、身份的确认和查找等。

HUSKYLENS 二哈识图是一款简单易用的人工智能摄像头（视觉传感器），内置 9 种功能：人脸识别、物体追踪、物体识别、巡线追踪、颜色识别、标签识别、物体分类、二维码识别、条形码识别。仅需一个按键即可完成 AI 训练，摆脱繁琐的训练和复杂的视觉算法，让你更加专注于项目的构思和实现。

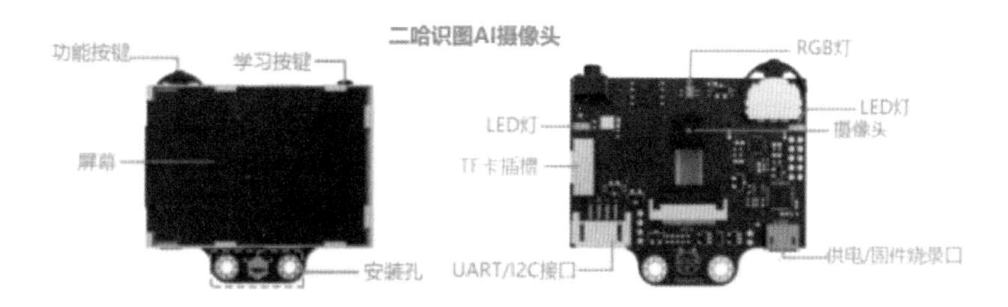

图 4.24 AI 视觉识别摄像头

选择功能：拨动“功能按键”，至屏幕顶部为“人脸识别”

检测人脸：屏幕会框选出检测到的所有人脸，并显示”人脸”字样。

学习过程：将屏幕中的“十”字对准人脸，按下“学习按键”不松开，录入，人脸的各个角度后，再松开按键，便完成一个人脸信息的学习。

识别人脸：当摄像范围内出现学习过的人脸时，显示蓝色框，并有“人脸-ID1”字样。

识别多人：长按功能按键，屏幕底部显示二级目录，打开“学习多个”，保存 并返回，学习 - 个人脸后会弹出“再按 - 次继续，按其他按键结束”，表示是否要继续学习人脸信息，在倒计时结束前按下“学习按键”，可以继续学习下一个人脸信息。学习过的人脸信息会按顺序依次命名一人脸：ID1、人脸：ID2、人脸： ID3。

小提示：如果屏幕中央没有“十”字，按下“学习按键”，屏幕显示”再按——次遗忘”，表示摄像头在该功能下已经学习过，在倒计时结束前，再次按下“学习按键”，即可遗忘上次学习的信息，并显示“十”字，进行下一次学习。此处理方法对于功能二六都适用，后面不再复述。

2. 舵机的运用

舵机也叫伺服电机，最早用于船舶上实现其转向功能，由于可以通过程序连续控制其转角，因而被广泛应用机器人的各类关节运动，以及用在智能小车上以实现转向。一般来讲，舵机主要由以下几个部分组成，舵盘、减速齿轮组、位置反馈电位计、直流电机、控制电路等。控制电路板接受来自信号线的控制信号，控制电机转动，电机带动一系列齿轮组，减速后传动至输出舵盘。

图 4.25 舵机

舵机的输出轴和位置反馈电位计是相连的，舵盘转动同时，带动位置反馈电位计，电位计将输出一个电压信号到控制电路板，进行反馈，然后控制电路板根据所在位置决定电机转动的方向和速度，从而达到目标停止。工作流程为：控制信号→控制电路板→电机转动→齿轮组减速→舵盘转动→位置反馈电位计→控制电路板反馈。

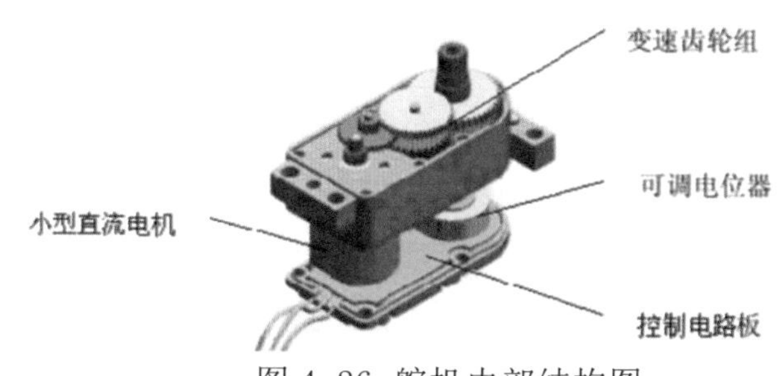

图 4.26 舵机内部结构图

3. 电路连接及程序控制

前面我们已经了解过 HUSKYLENS 二哈识图的人脸识别功能，将二哈识图进行人脸训练，训练完成的人脸 ID 号为 1，那么对应的程序，请求的第一次人脸数据存入结果中，执行循环语句判断是否获取 ID1，若成立判断下一个循环语句结果获取方框是否在画面中，如果在，人脸识别成立，执行下一步程序。

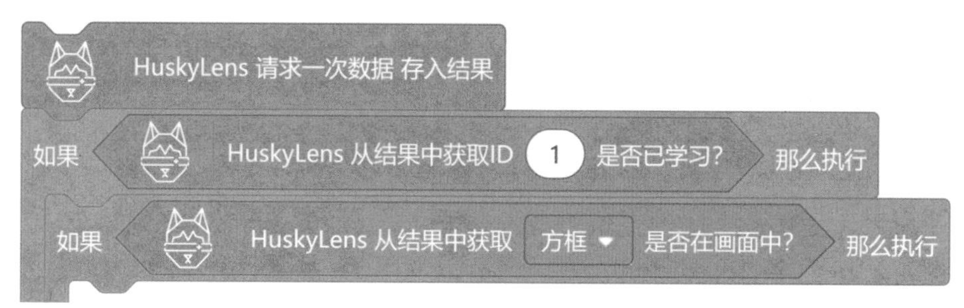

图 4.27 人脸识别判断条件程序设置

舵机的转动是有角度性的，因此我们应当在组装门的时候舵机的角度应在 0 度位置，和门框成水平位置，开门停止的位置可以垂直于门框处，伺候电机可设置为 90 度。开门动作完成后，在设置 0 度，将门的位置复原。程序如图。

图 4.28 开门与关门程序

屏幕显示的四段模块，都是显示开门与否的一个状态，根据前面讲到的掌控版屏幕的大小来设计文字的排布情况。

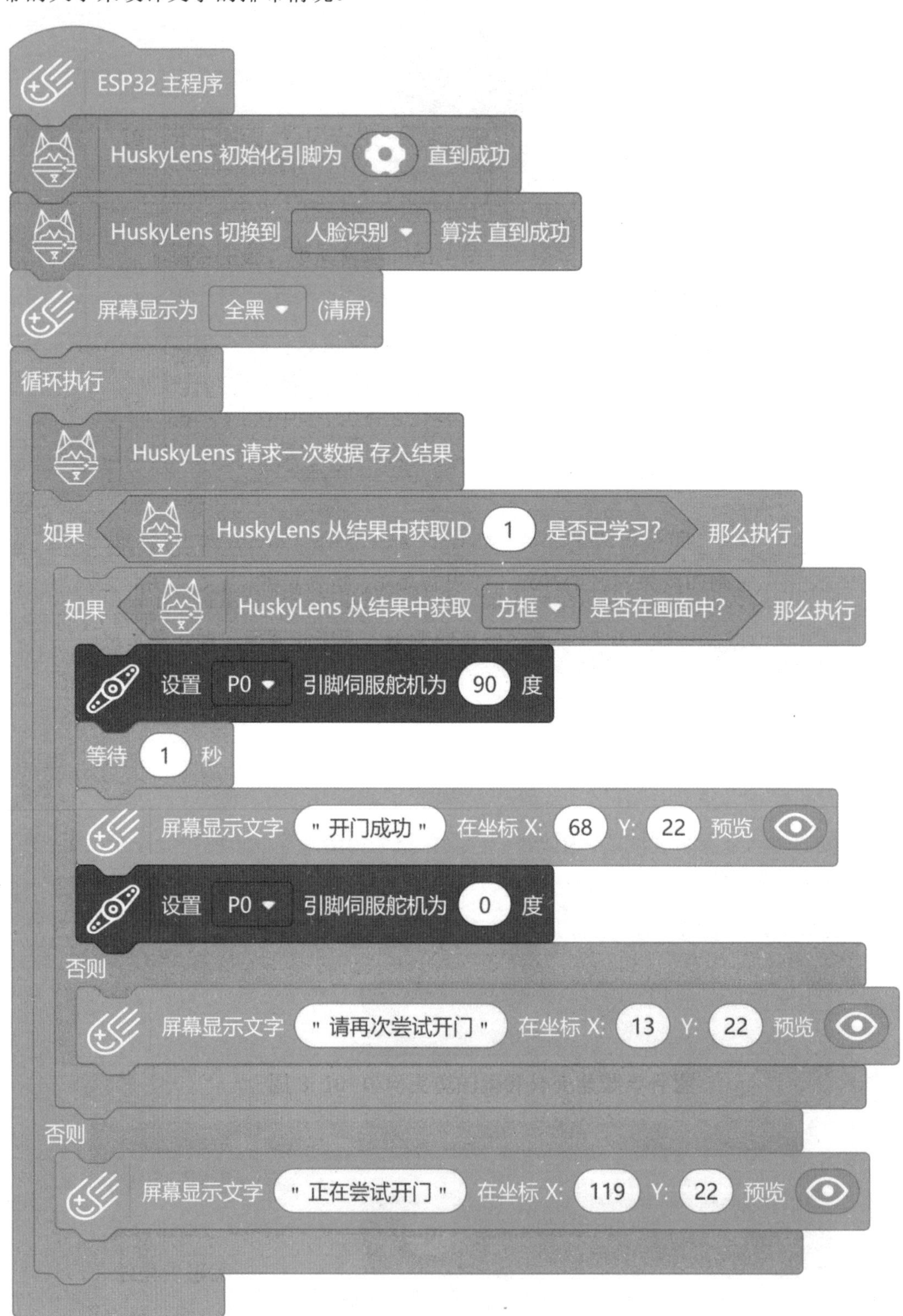

图 4.29 察言观色智慧门主程序

电路连接对应的线路，依次对应所编写程序的接口，展开插拔电子元件，本项目线路图，如图 4.30 所示。

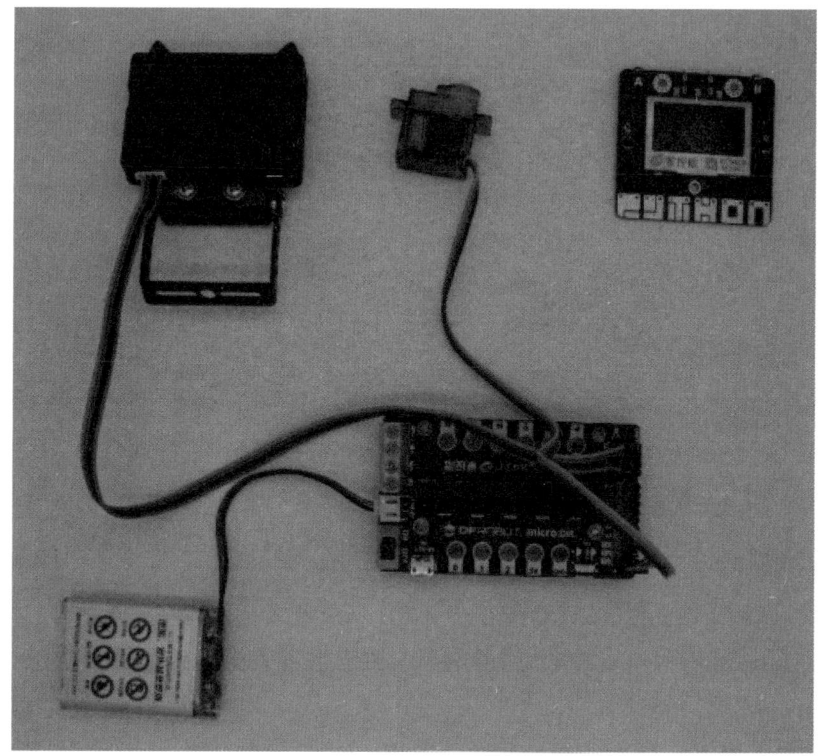

图 4.30 察言观色智慧门电路连接

三、分享与评价

项目完成评价表

学生姓名____________　　　　　　　　　　作品名称____________

项目	分值	评分标准	自评		互评		教师评价	
			扣分	得分	扣分	得分	扣分	得分
科学性	25	器件选用与装置设计符合科学方法，具有智能扩展性。能体现或解决实际问题，有一定应用价值。所有电路正确搭接。						
完整性	30	有详细的器材清单、作品源代码。功能齐全、设计完善、运行流畅。						

创新性	20	结构新颖，设计巧妙，有一定的创新。作品具有一定想象力和特点，能够表达设计理念、相关技术的应用。						
协作性	15	分工明确、协同合作、灵活应变。						
美观性	10	切合主题、布局合理、结构稳定整体大方美观。						
总分		满分 100 分，总分 85 分以上为优秀，75 ～ 84 为良好，65 ～ 74 为中等，60 ～ 65 为合格，60 分以下为不合格。	最终评级：					

四、延伸与扩展

这个项目中，将人脸视觉识别和舵机与掌控板结合，做一个可识别人脸的察言观色智慧门。

想一想，能不能运用视觉识别，给察言观色智慧门增加识别有无佩戴口罩的功能？

动一动手，通过增加上面的功能，使拷察言观色智慧门成为防疫小帮手吧。

第五章 巡线小达人

学习目标

【知识目标】

1. 了解巡线机器人的应用领域
2. 掌握视觉巡线的工作原理

【能力目标】

1. 运用激光切割技术制作巡线小达人的外壳
2. 运用开源电子硬件实现巡线小达人的功能

一、导学与思考

(一)项目导学

若大家仔细观察，会发现越来越多的机器人融入到社会分工中来。比如送餐机器人、快递分拣机器人、电力巡检机器人，它们是循着地面线条前进的。

巡线？它们是怎样做到的？让 DIY 一个萌萌哒的小车机器人来一探究竟！

(二)项目分析

需求分析	实现方式（材料 / 工具）
需要设计外观图形	LaserMaker 软件
需要制作项目外壳结构	木材以及激光切割机
需要编写项目程序	Mind+ 软件
需要有项目控制中枢	掌控板、扩展板、AI 视觉传感器、直流减速电机

二、制作流程

（一）制作“巡线小达人”的外形

1. “巡线小达人”的矢量绘制

计划将巡线小达人的外形制作成如图 5.1 所示：

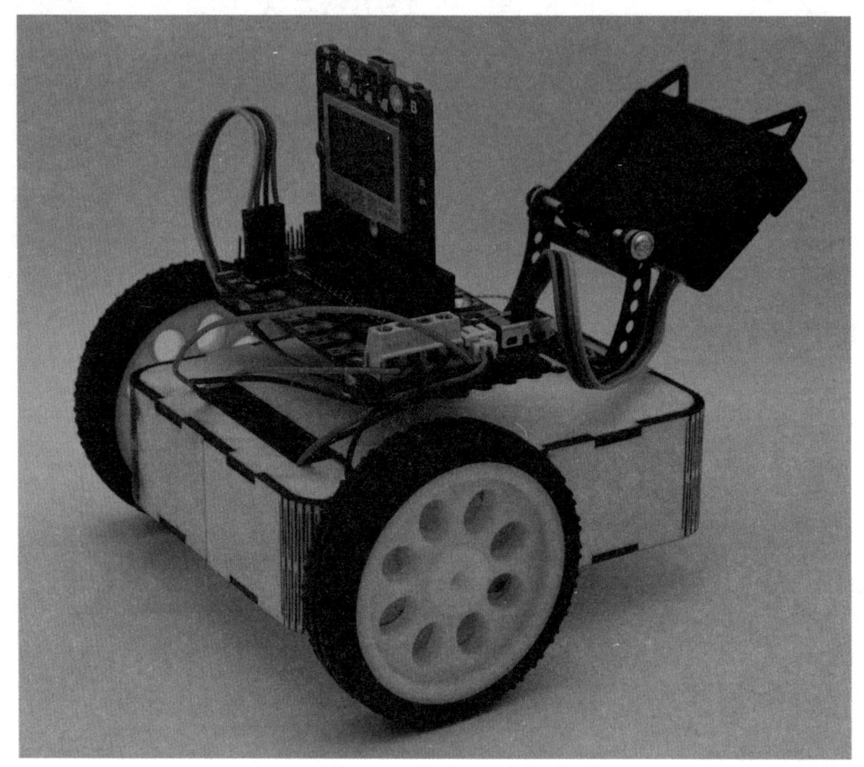

图 5.1 巡线小达人外形

首先需要设计一个圆角盒子作为巡线小达人的车身。单击软件工具栏中的一键造物按钮，此时会弹出一个一键造物窗口。我们选择圆角盒子，之后在盒子属性中将盒子的长宽高调整至合适的大小，如图 5.2 所示。

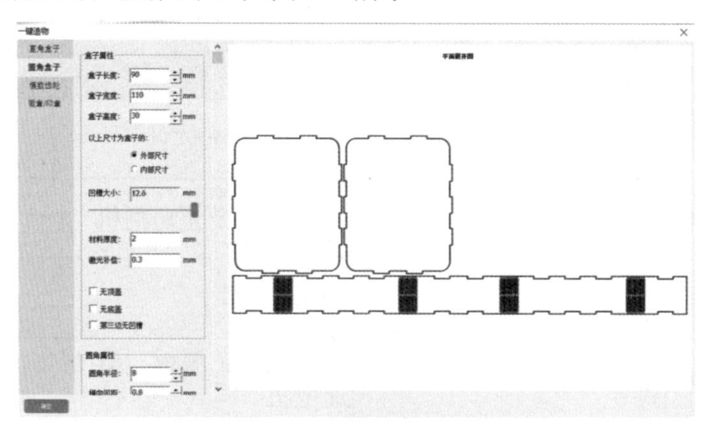

图 5.2 一键造物参数设置

点击“确定”按钮，在软件的绘图区就会出现我们设置的车身的轮廓切割图，如图5.3所示。

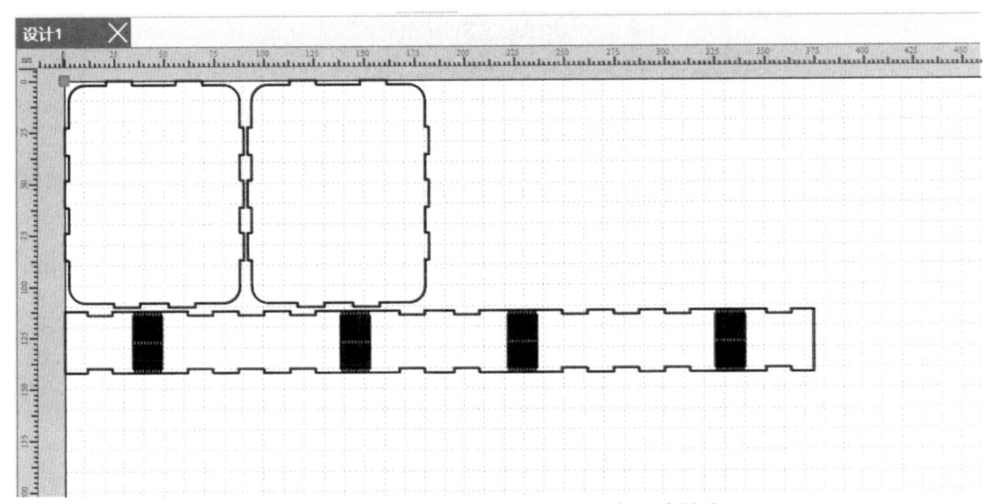

图 5.3 巡线小达人轮廓切割图

车身主体尺寸确定后，需要绘制各种元件的安装孔。

我们需要在底板上预留万向轮的安装孔，手动测量万向轮的孔距和孔径后，绘制万象轮的安装孔在轮廓图的底板上，如图 5.4 所示。

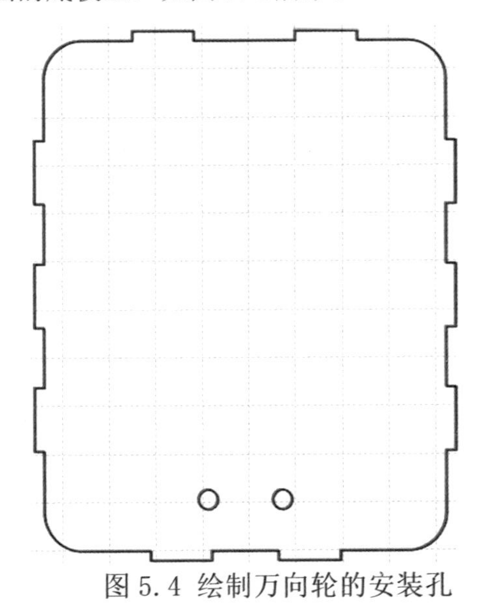

图 5.4 绘制万向轮的安装孔

然后我们需要在巡线小达人的两侧预留减速电机的安装孔，手动测量电机的孔距和孔径后，绘制减速电机的安装孔在轮廓图左右侧板上，如图 5.5 所示。

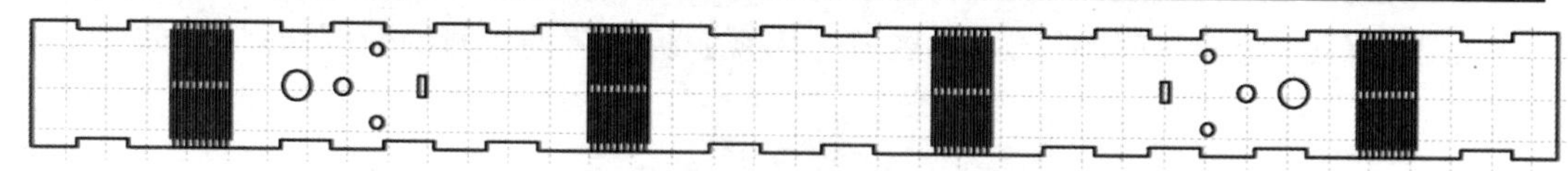

图 5.5 绘制减速电机的安装孔

接着我们需要在顶板上预留驱动扩展板和 AI 视觉传感器的安装孔。手动测量电机的孔距和孔径后，绘制驱动扩展板和 AI 视觉传感器安装孔在轮廓图的顶板上，如图 5.6 所示。

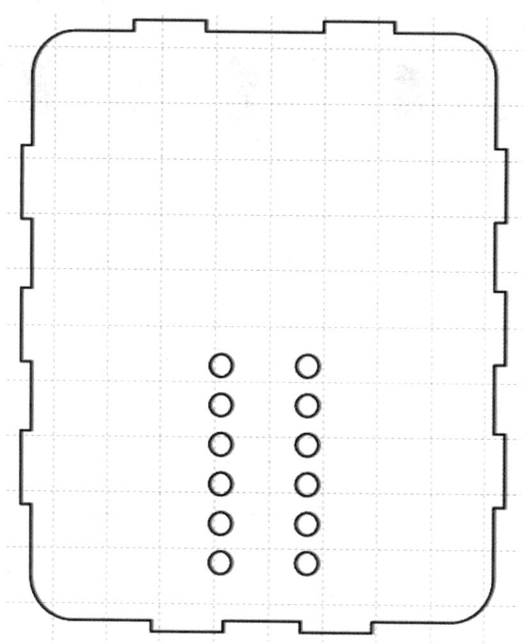

图 5.6 绘制驱动扩展板和 AI 视觉传感器的安装孔

最后我们需要在顶板上预留电机线、电源线通过孔。绘制合适尺寸的长条孔在轮廓图的顶板上，其如图 5.7 所示。

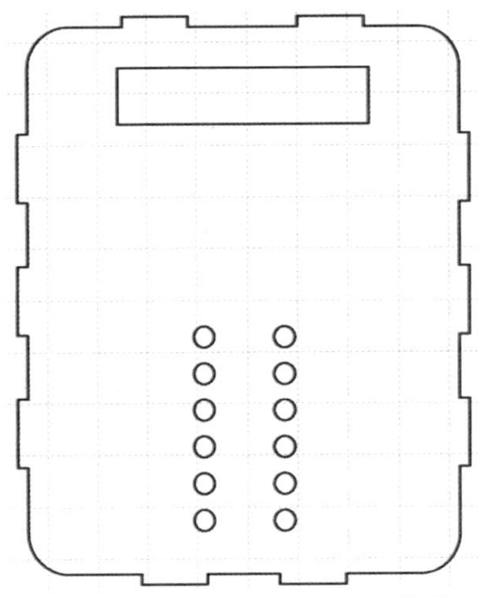

图 5.7 绘制电机线、电源线的通过孔

至此，我们的巡线小达人激光切割矢量图就全部完成，如图 5.8 所示。

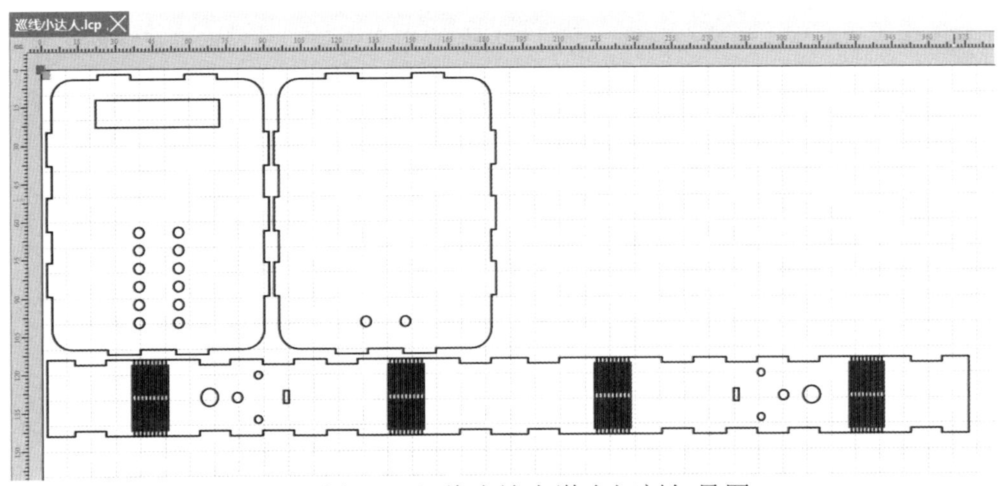

图 5.8 巡线小达人激光切割矢量图

用数据线将电脑与激光切割机连接好之后，点击加工面板中的“开始造物”按钮，切割机就会开始工作了。稍等片刻，木板则被加工成制作巡线小达人所需要的形状，如图 5.9 所示。

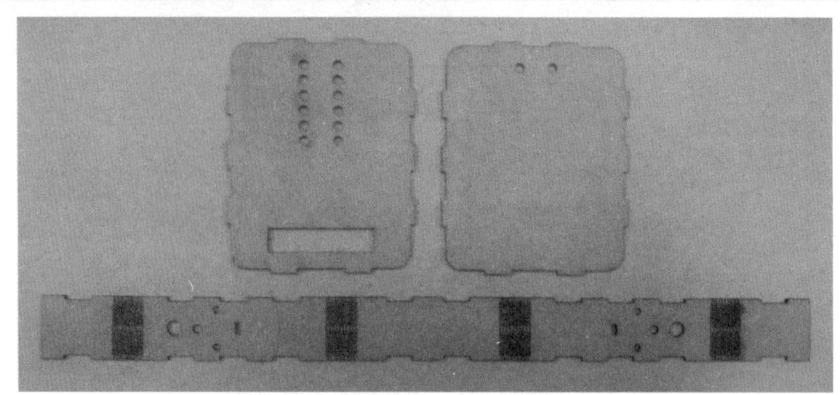

图 5.9 巡线小达人外壳散装零件图

（二）功能实现

1. 直流减速电机的运用

直流减速电机是由直流电机加齿轮减速装置制作而成。直流电机输出的转动经过齿轮减速装置传动后，转速会降低，同时转动的力矩会增加。减速电机在自动化家电、电子玩具、机械工业等领域都有飞非常广泛的运用。

图 5.10 直流减速电机内部结构图

2. 视觉巡线原理

AI 视觉巡线的逻辑与巡线传感器的逻辑类似，在黑线位于小车正下方，小车需要向前直行；当黑线位于小车的左侧，小车需要向左调整；当黑线位于小车右侧，小车需要向右调整。

图 5.12 AI 视觉传感器屏幕显示信息

我们在 AI 视觉传感器屏幕中可以用肉眼判断黑线的位置，那么在程序中其是如何判断呢？这就需要运用到 AI 视觉传感器屏幕的坐标系。

在程序中，AI 视觉传感器屏幕的 X 坐标从左向右为正方向，取值范围为 0 ～ 320，Y 坐标从上向下为正方向，取值范围为 0 ～ 240。屏幕中蓝色箭头为 AI 视觉传感器识别的黑线位置和方向。箭头的起点坐标为（x1，y1），终点坐标为（x2，y2），如图 5.13 所示。

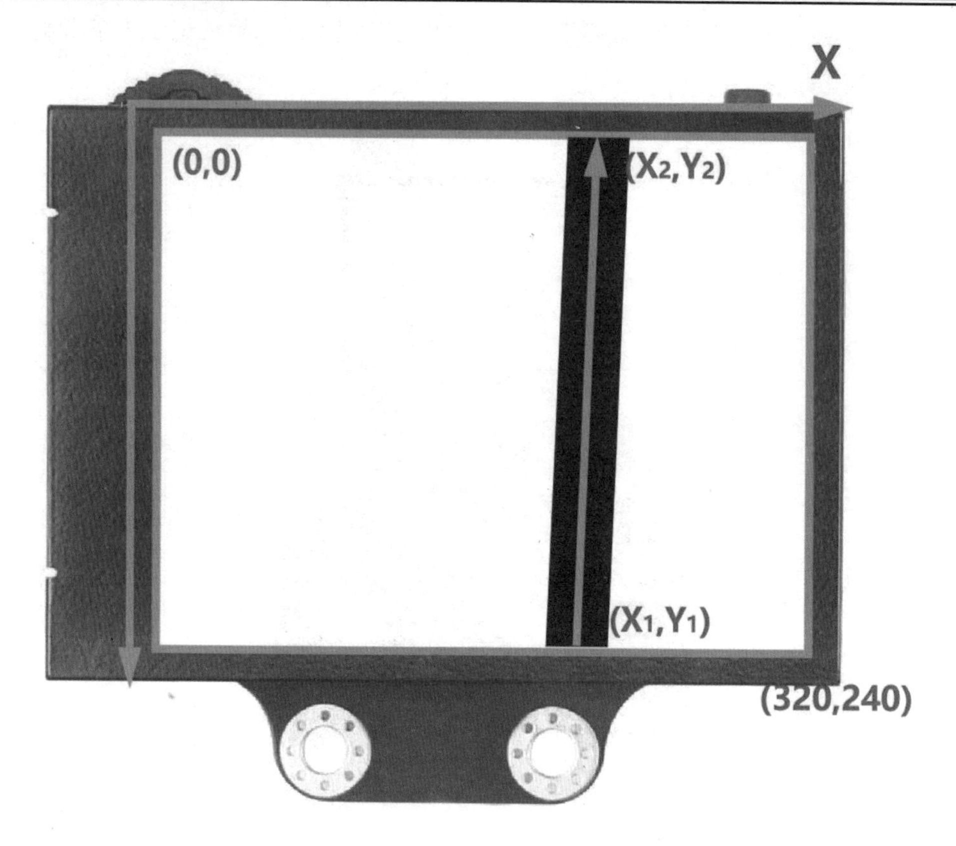

图 6.13 AI 视觉传感器巡线几何数学模型

当 x1<160 时，则意味着黑线大部分位于屏幕左侧，控制小车左转；当 x1>170 时，意味着黑线大部分位于屏幕右侧，控制小车右转；当 160 ≤ x1 ≤ 170 时，意味着黑线基本位于屏幕中间，控制小车直行。

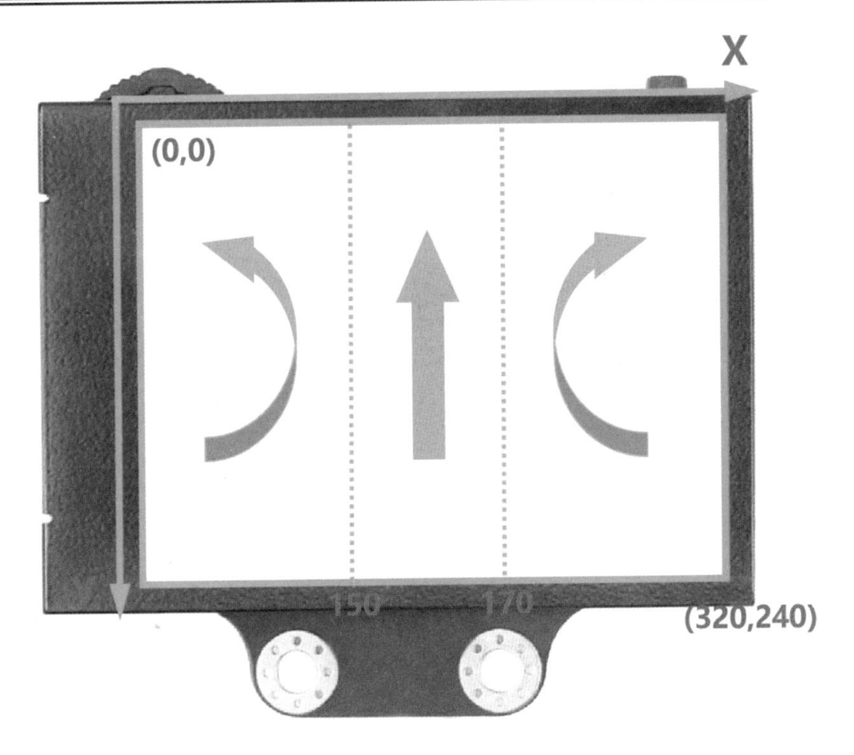

图 5.15 扩大直行区间后的黑线位置与小车动作关系

3. **硬件组装及电路连接**

巡线小达人的电路连接方法如下图 5.16 所示。

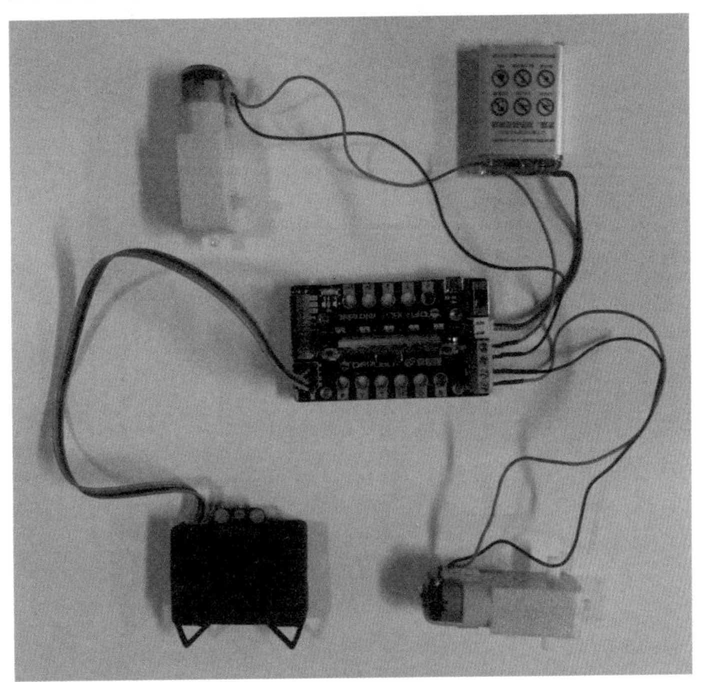

图 5.16 巡线小达人的电路连接

在组装巡线小达人的第一步，我们需使用螺丝螺母将扩展板、AI 视觉传感器、直流减速电机、万向轮连接在拷问灵魂的闹钟外壳的螺丝孔之上，如图 5.17 所示。

图 5.17 拷问灵魂的闹钟电子模块的安装

将所有零件拼接起来，应得到了完整的巡线小达人实物，如图 5.18 所示。

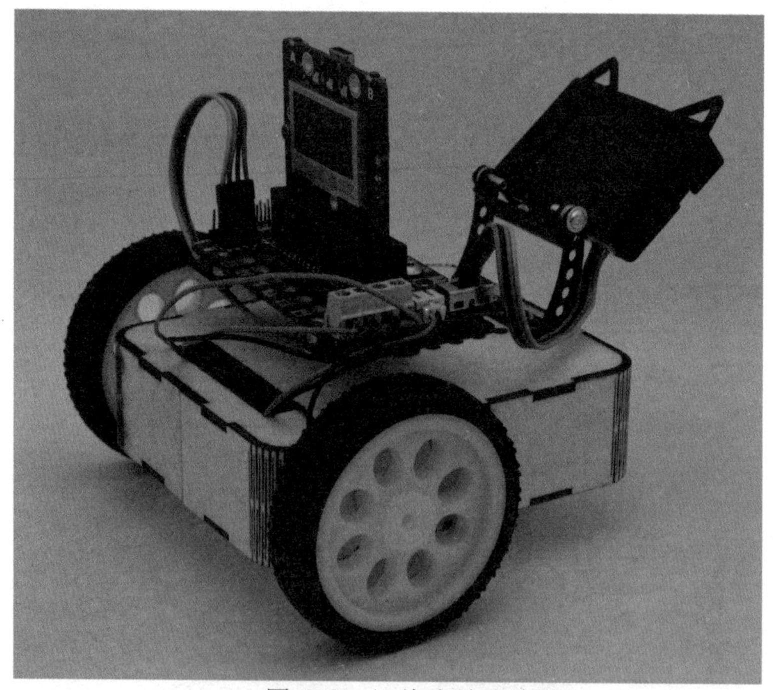

图 5.18 巡线小达人实物

7. 编程及调试

本项目中我们要实现巡线小达人并通过机器视觉跟随黑线移动。程序流程图则如图 5.19 所示。

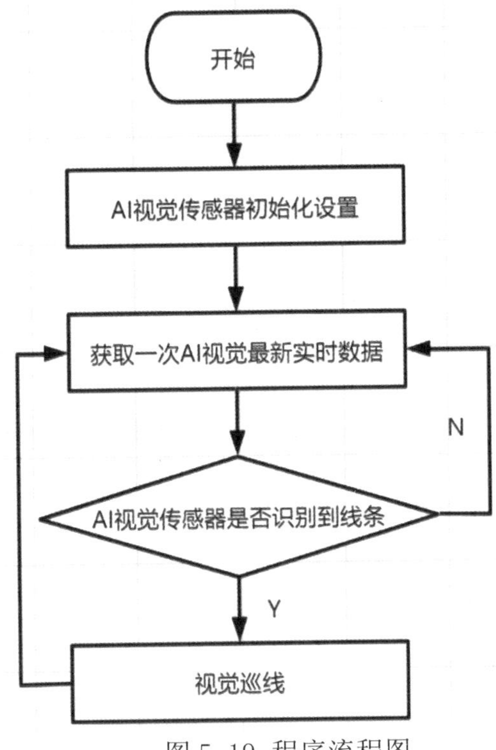

图 5.19 程序流程图

我们启动mind+软件后，点击“硬件扩展”按钮，而此时软件窗口切换到“选择主控板”页面，如图 5.20 所示。

图 5.20 “选择主控板”页面

点击“掌控板”，我们就完成掌控板指令库的添加。

再点击“扩展板”按钮，此时软件窗口切换到“选择扩展板”页面，如图 5.21 所示。

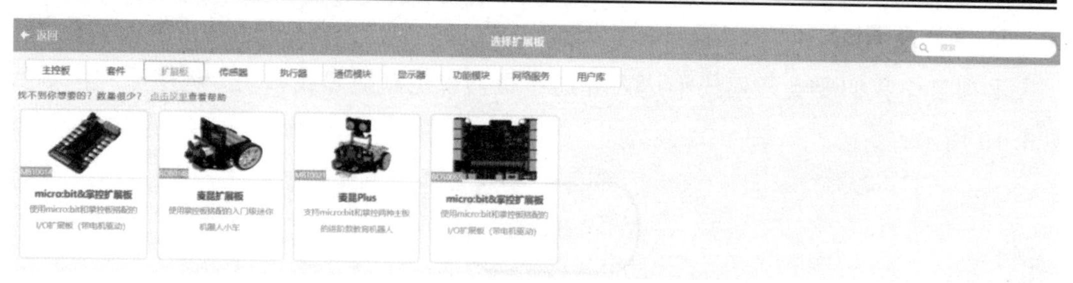

图 5.21 “选择扩展板”页面

点击“micro：bit& 掌控扩展板”，我们就完成了扩展板指令库的添加。

再点击“传感器”按钮，此时软件窗口切换到“选择传感器”页面，如图 5.22 所示。

图 5.22 “选择传感器”页面

点击“HUSKYLENS AI 摄像头”，我们就完成了 AI 视觉传感器指令库的添加。

在流程图中，AI 视觉传感器初始化设置包括 AI 视觉传感器的初始化引脚设置与初始化巡线算法设置，程序如图 5.23 所示。

图 5.23 AI 视觉传感器初始化设置

获取一次 AI 视觉最新实时数据用到的指令则如图 5.24 所示。

HuskyLens 请求一次数据 存入结果

图 5.24 获取一次 AI 视觉最新实时数据

AI 视觉传感器识别到线条时屏幕会出现箭头，以此来判断 AI 视觉传感器是否识别到线条用到的指令如图 5.25 所示。

图 5.25 AI 视觉传感器侦测线条指令

视觉巡线需要小车根据摄像头侦测的黑线的位置做出对应的动作，这里有三个步骤：第一步，需要计算屏幕中黑线中点的 X 坐标 Xmiddle，这时不妨取屏幕中线条的起点 X 坐标 X1 和终点 X 坐标 X2 的平均值，程序如图 5.26 所示。

图 5.26 计算屏幕中黑线中点的 X 坐标 Xmiddle

第二步，为方便调试，可以让掌控板屏幕显示刚刚计算出来的坐标值 Xmiddle，程序如图 5.27 所示。

图 5.27 屏幕显示黑线中点的 X 坐标 Xmiddle

第三步，小车需要根据不同的 Xmiddle 值做出不同的巡线动作，应程序如图 5.28 所示。

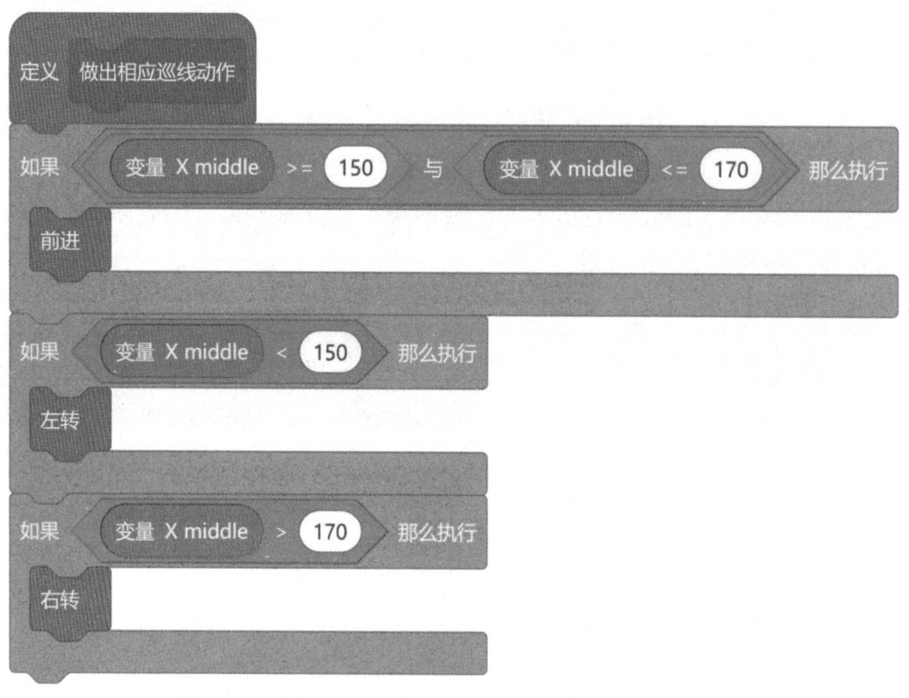

图 5.28 根据不同的 Xmiddle 值做出不同巡线动作

小车巡线动作是通过控制马达的转动方向和速度控制的。对应的积木可以在掌控类积木中找到，如图 5.29 所示。

图 5.29 马达控制积木

当小车的左右两个电机都正转，速度大小一致时，小车前进；当小车的左电机速度为 0，右电机正转时，小车向左转；当小车的右电机速度为 0，当左电机正转时，小车向右转。小车的前进、左转、右转程序函数如图 5.30 所示。

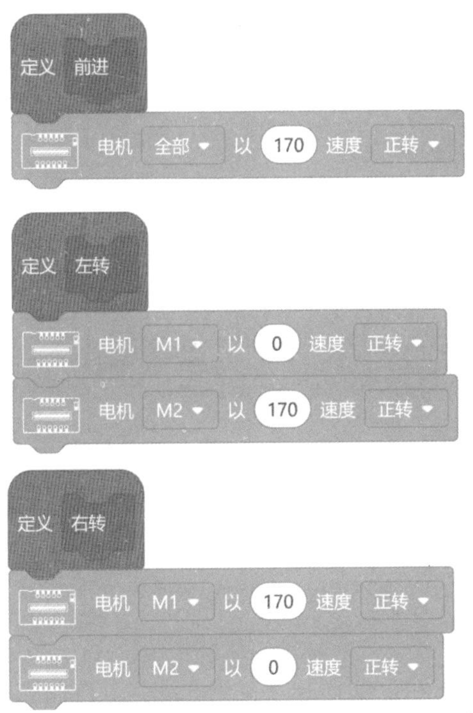

图 5.30 前进、左转、右转程序函数

由此，综合上述三步，并且得到视觉巡线的程序函数，如图 5.31 所示。

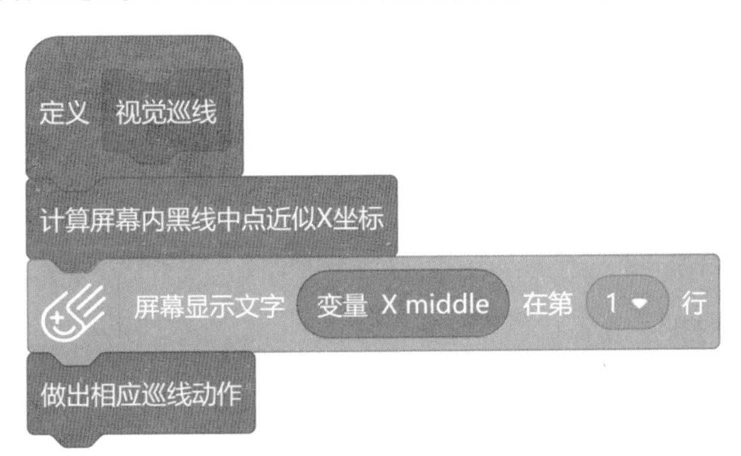

图 5.31 视觉巡线程序函数

最后，我们根据流程图，把前文所述各步骤程序组合在一起，以此得到“巡线小达人”的主程序，如图 5.32 所示。

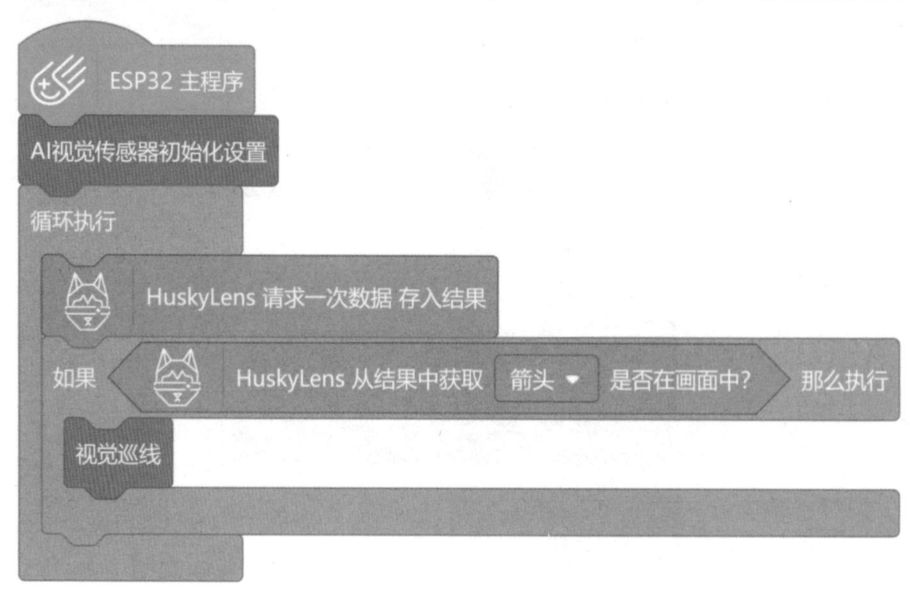

图 5.32 “巡线小达人”主程序

用 USB 数据线将掌控板和电脑连接起来，点击菜单栏的“连接设备”按钮，并在“连接设备”的下拉菜单中点击 COM 口选项，掌控板就成功与软件通讯了。如图 5.33 所示。

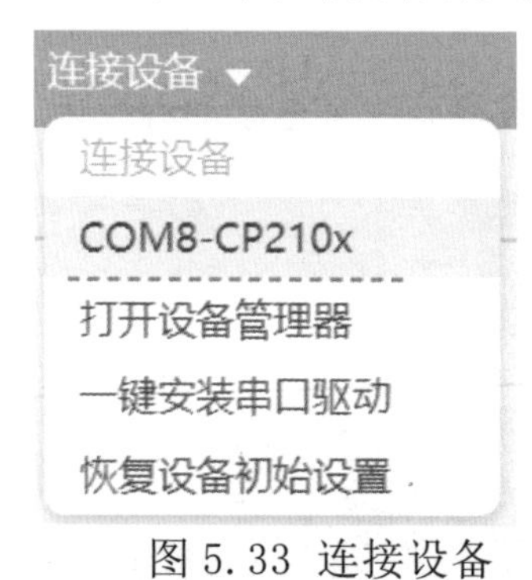

图 5.33 连接设备

最后，点击代码区的“上传到设备”按钮，等待程序传输完成，我们“巡线小达人”就完成了。

二、分享与评价

项目完成评价表

学生姓名____________　　　　作品名称____________

项目	分值	评分标准	自评		互评		教师评价	
			扣分	得分	扣分	得分	扣分	得分

科学性	25	器件选用与装置设计符合科学方法，具有智能扩展性。能体现或解决实际问题，有一定应用价值。所有电路正确搭接。						
完整性	30	有详细的器材清单、作品源代码。功能齐全、设计完善、运行流畅。						
创新性	20	结构新颖，设计巧妙，有一定的创新。作品具有一定想象力和特点，能够表达设计理念、相关技术的应用。						
协作性	15	分工明确、协同合作、灵活应变。						
美观性	10	切合主题、布局合理、结构稳定整体大方美观。						
总分		满分 100 分，总分 85 分以上为优秀，75 ～ 84 为良好，65 ～ 74 为中等，60 ～ 65 为合格，60 分以下为不合格。	最终评级：					

三、延伸与扩展

这个项目中，我们将 AI 视觉与直流减速电机、掌控板结合，做了一个灵敏的巡线小车。

想一想，能不能运用语音识别技术，给巡线小达人曾加语音控制运动的功能？

动一动手，并通过增加上面的功能，使巡线小达人更加智能。

第六章　垃圾分类智能桶

学习目标

【知识目标】

1. 了解垃圾分类的来源、种类及益处。
2. 掌握舵机，物体识别的工作原理。

【能力目标】

1. 学习激光雕刻垃圾分类智能桶，掌握智能桶建模特点。
2. 利用开源编程知识，赋予智能桶功能。

一、导学与思考

（一）项目导学

随着科学技术的发展，在家居生活方面，智能电饭煲、扫地机器人、空气净化器等各类智能家电的出现为我们的生活带来了很多方便。甚至在扔垃圾的问题上，垃圾桶都有了非常大的改变，自动感应垃圾分类桶成为了人们新的选择，不仅让我们在扔垃圾的时候特别的方便，而且干净卫生。

在这个项目中，我们就将制作一个感应垃圾桶。在进入项目学习前，请思考一下，传统的垃圾桶有哪些缺点呢？解决这些缺点，那就是我们要制作的垃圾分类智能桶！本节课，我们就将应用 AI 技术助力垃圾分类，利用 Mind+ 中自带的“语音识别”模块，做一个垃圾分类的智能桶，以此来帮助居民更好的完成垃圾分类。

（二）项目分析

需求分析	实现方式（材料 / 工具）
需要设计外观图形	LaserMaker 软件
需要制作项目外壳结构	木材以及激光切割机

需要编写项目程序	Mind+ 软件
需要有项目控制中枢	掌控板，扩展板，HUSKYLENS 二哈识图，舵机

三、制作流程

（一）制作“垃圾分类智能桶”的外形

1. “垃圾分类智能桶”的矢量绘制

我们计划将垃圾分类智能桶的外形制作成四个小盒子组合在一起，中间两盒子作为分类垃圾桶，两边的小盒子放置人脸识别和屏幕显示，如图 6.1 所示：

图 6.1 “垃圾分类智能桶”的外形

首先利用一键造物造出垃圾分类智能桶的平面部分，打开 LaserMaker 软件，并选择一键造物，长 70mm，宽 60mm，高 120mm，因此选择无顶盖部分，一键生成数据如图 6.2 所示。

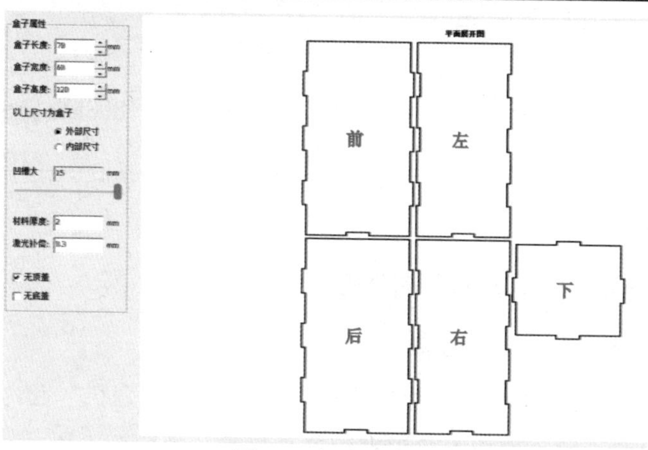

图 6.2 智能桶的平面部分

在 LaserMaker 软件右侧选择图，机械结构部分，选择 9g 舵机激光切割安装图纸拖动到工作台中，预留舵机孔位，放置舵机作为打开分类垃圾桶盖驱动部分，如图 6.3 所示。

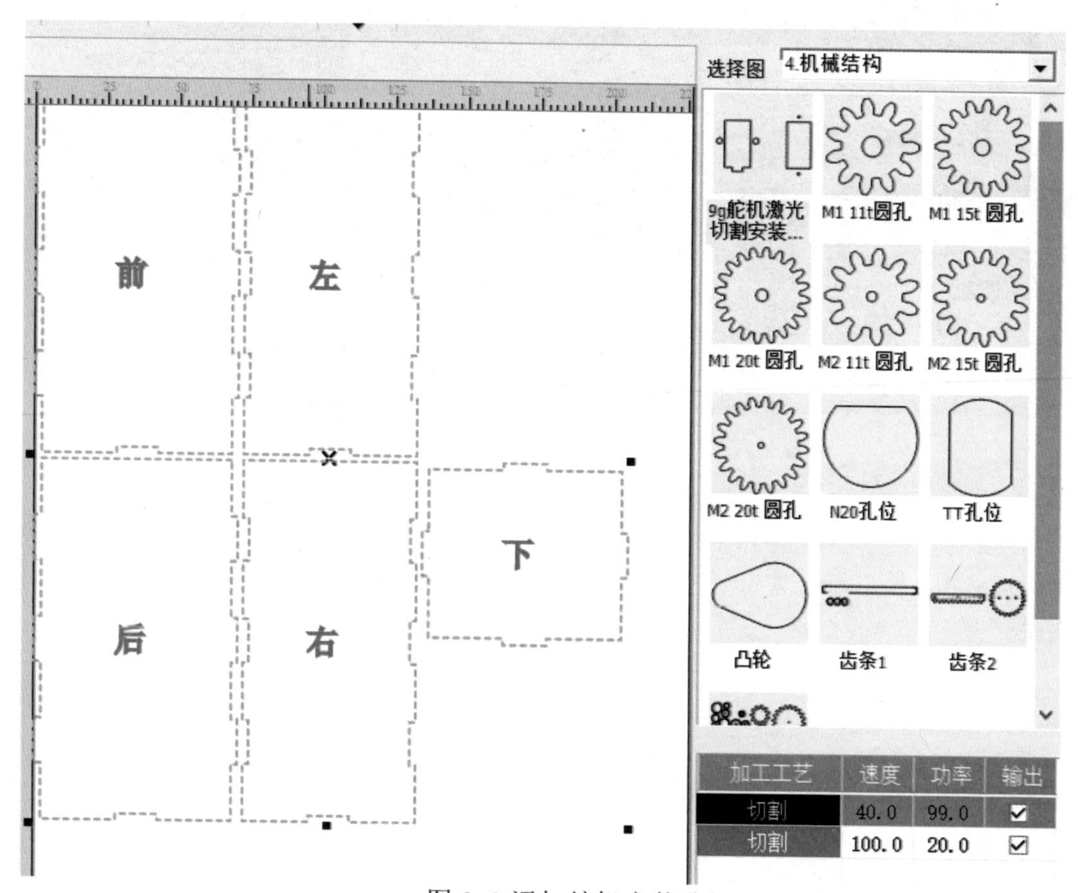

图 6.3 添加舵机安装孔

在工作区选中 9g 舵机激光切割安装图纸的另一部分，并点击鼠标右击删除，只预留固定舵机的那一侧，并且删除后效果如图 6.4 所示。

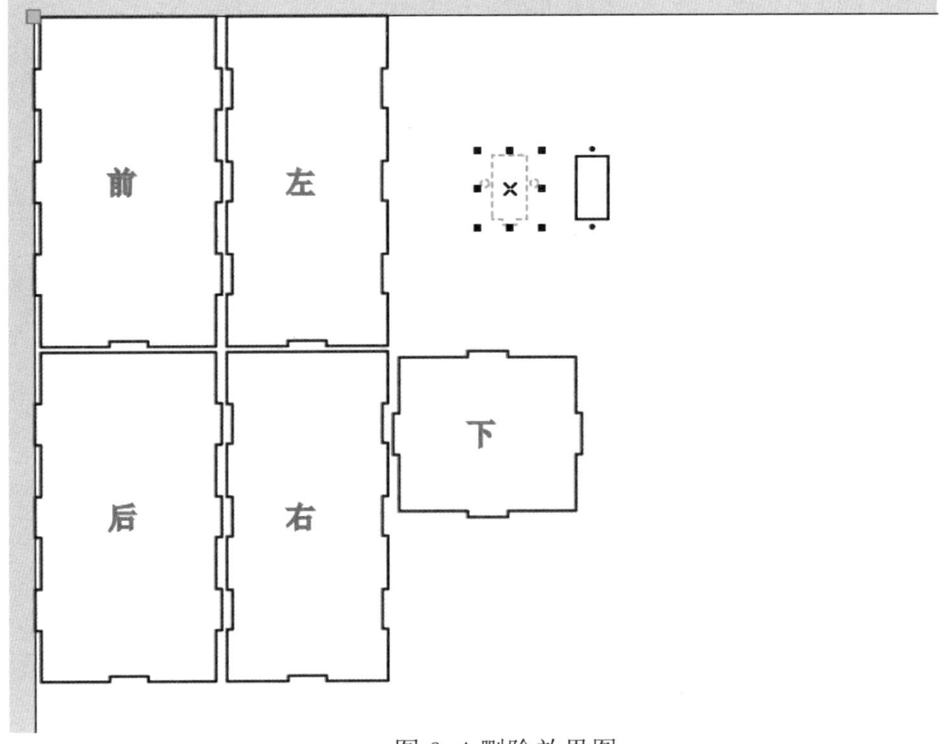

图 6.4 删除效果图

点击 9g 舵机激光切割安装图纸，并选中 LaserMaker 软件上方旋转功能，并设置旋转 90 度，如图 6.5 所示。

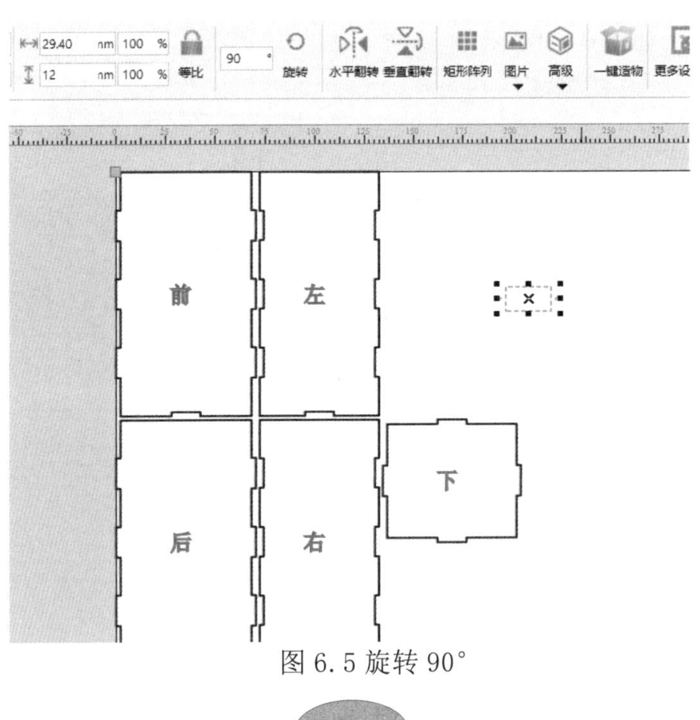

图 6.5 旋转 90°

点击左侧工具栏中的移动工具，把 9g 舵机激光切割安装图纸拖动到分类垃圾桶顶部，其距离可适当调整，效果如图 6.6 所示位置。

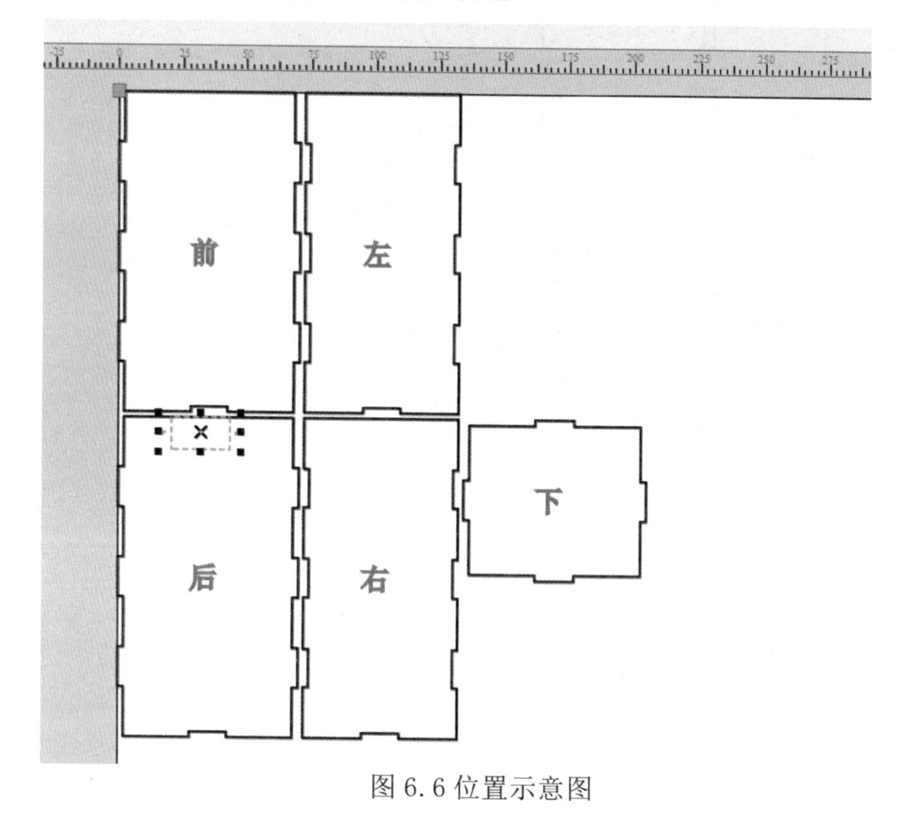

图 6.6 位置示意图

点击左侧工具栏中的矩形工具，并绘制出一个长 70mm 宽 60mm 的长方形，作为垃圾桶的顶盖部分，如图 6.7 所示。

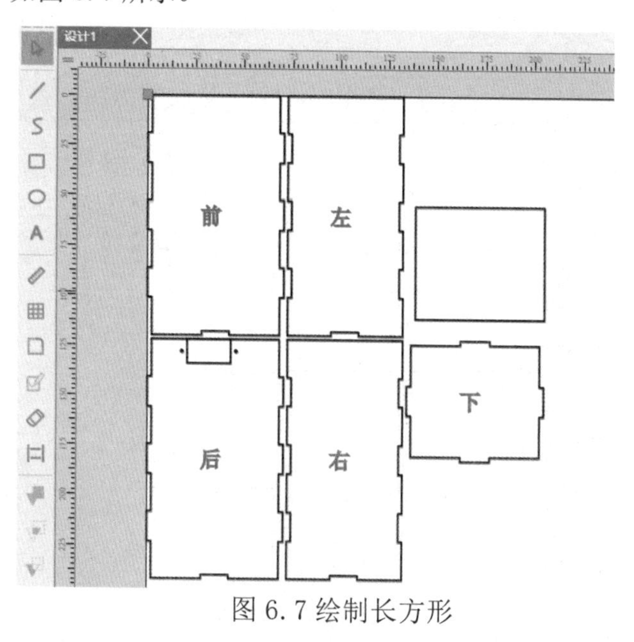

图 6.7 绘制长方形

选择右侧工具栏中的移动工具，并复制四个舵机孔位，长按拖动到如下图 6.8 的位置中，作为顶盖和垃圾桶固定连接孔位。

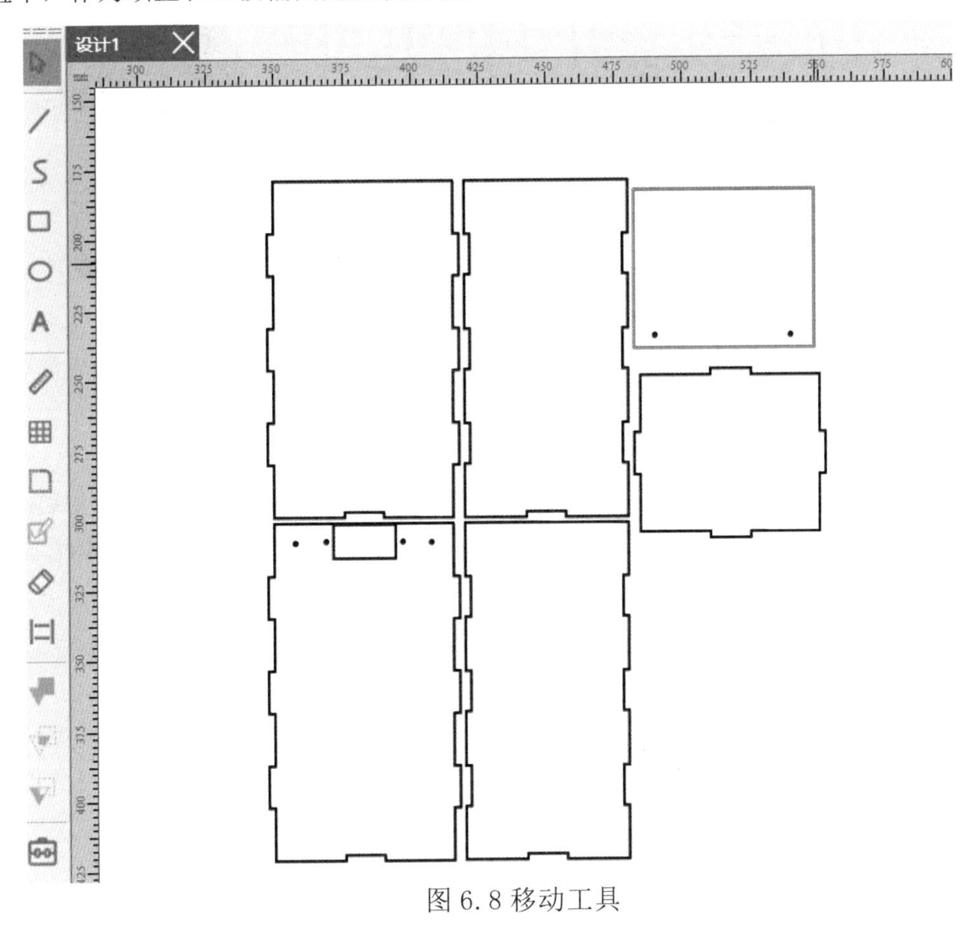

图 6.8 移动工具

我们可以使用轮廓描摹工具在图纸上描摹各种想要的图案，并以本图纸为例，打开垃圾分类图片，选择图片轮廓描摹工具，在垃圾分类图片上进行描摹，描摹出图片的大致轮廓，如图 6.9 所示。

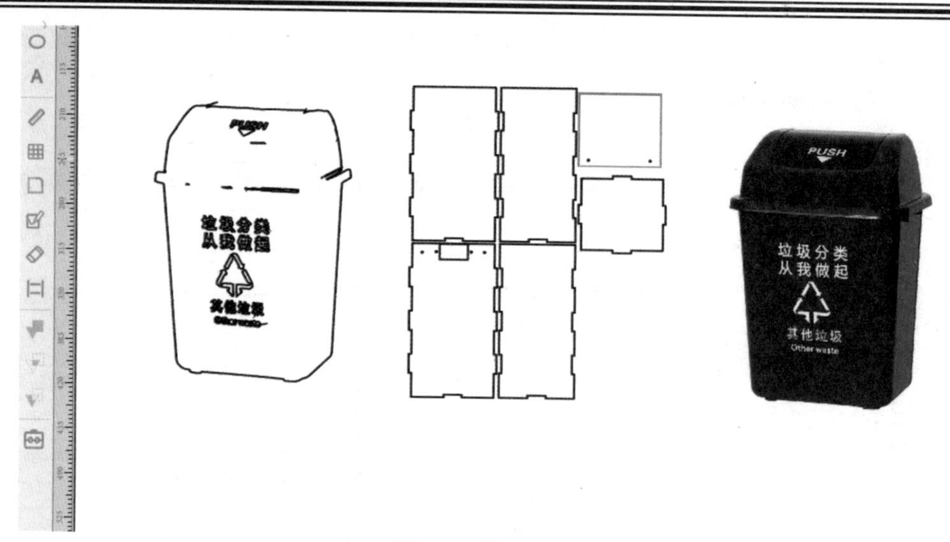

图 6.9 轮廓临摹工具

进行轮廓描摹好以后，把原图片拖出来进行删除，选择所需要的轮廓，其他多余的删除，完成以后把轮廓拖到垃圾分类智能桶的正前方。如图 6.10 所示。掌控版和扩展板的固定物与第四章一致，这里不进行重复描述。

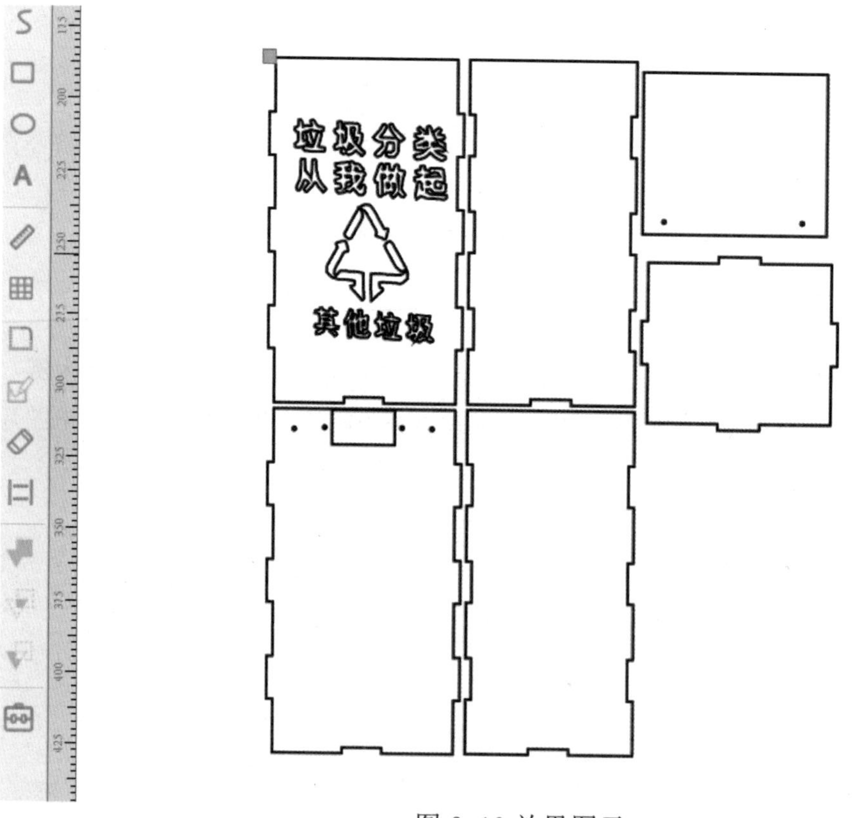

图 6.10 效果图示

（二）功能实现

1. 物体分类识别

二哈识图里面的物体分类功能可以学习不同物体的多张照片，之后内部使用机器学习算法进行训练，完成之后，当摄像头画面再次出现学习过的物体时可以识别出来并显示他的 ID 号，学习的越多就识别越精准。

本节课 HUSKYLENS 二哈识图使用物体分类模块。选择功能：拨动“功能按键”，至屏幕顶部为“物体分类” 。

物体分类：屏幕会框选出检测到的物体，并显示”物体”名称字样。

学习过程：将屏幕中的“十”字对准物体，同时按下“学习按键”不松开，录入物体的各个角度后，再松开按键，完成一个物体信息的学习。

物体识别：当摄像范围内出现学习过物体时，显示蓝色框，并有“物体：ID1”字样。

识别多个：长按功能按键，屏幕底部显示二级目录，打开“学习多个”，保存并返回，学习物体后会弹出“再按-次继续，按其他按键结束”，表示其是否要继续学习物体信息，在倒计时结束前按下“学习按键”，可以继续学习下一个物体信息。学习过的物体信息会按顺序依次命名物体：ID1、物体：ID2、物体：ID3 等。

小提示：如果屏幕中央没有“十”字，按下“学习按键”，屏幕显示”再按一次遗忘”，表示摄像头在该功能下已经学习过，在倒计时结束前，再次按下“学习按键”，即可遗忘上次学习的信息，并显示“十”字，进行下一次学习。

2. 电路连接及程序控制

前面我们已经了解过 HUSKYLENS 二哈识图的物体分类识别功能，并将二哈识图进行多个物体训练，训练完成的物体编写为对应的标号，程序初始化直到连接成功。如图 6.11 所示。

图 6.11 物体分类初始化设置程序

初始化，仅需执行一次，放在主程序开始和循环执行之间，可选择 I2C 或串口，I2C 地址不用变动。注意 HuskyLens 端需要在设置中调整“输出协议”与程序中一致，否则读不出数据。如图 6.12 所示。

图 6.12 程序初始化

切换算法，可以随时切换到其他算法，同时只能存在一个算法， 则注意切换算法需要一些时间。如图 6.13 所示。

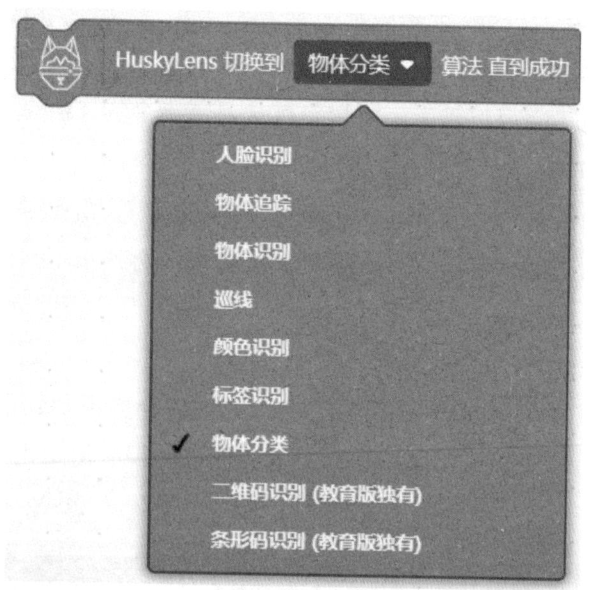

图 6.13 切换算法

首先判断 HUSKYLENS 二哈识图方框里的参数是否为对应的 ID 进行判断，其次如果判断正确，在屏幕中显示对应的垃圾分类，程序如图 6.14 所示。

图 6.14 对应的 ID 判断

设置舵机转动的角度来控制智能垃圾桶盖的开关，并定义两个子程序。对垃圾分类的子程序进行补充。程序如图 6.15 所示。

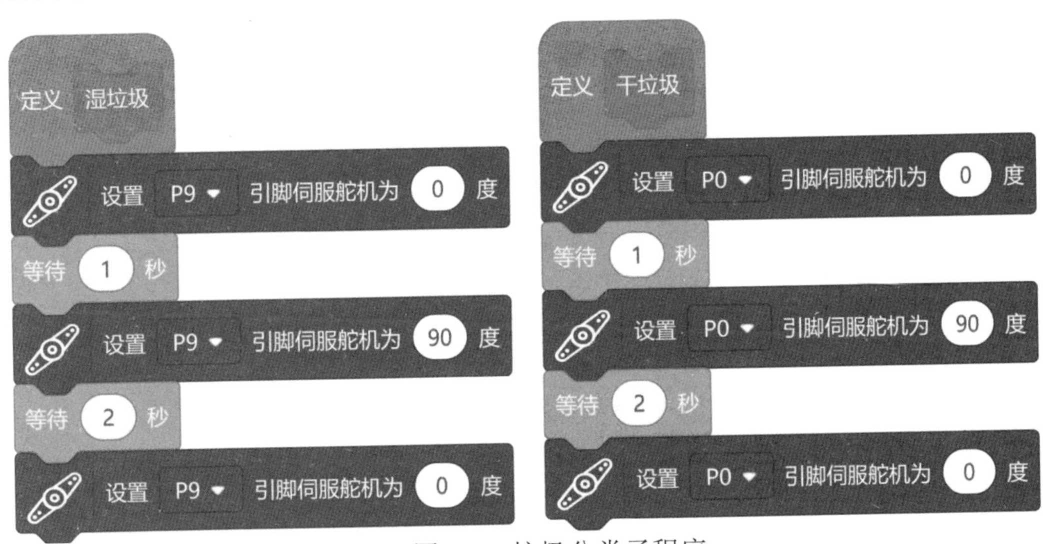

图 6.15 垃圾分类子程序

最后，我们将前文所述各步骤程序组合在一起，并得到“垃圾分类智能桶”中的主程序，如图 6.16 所示。

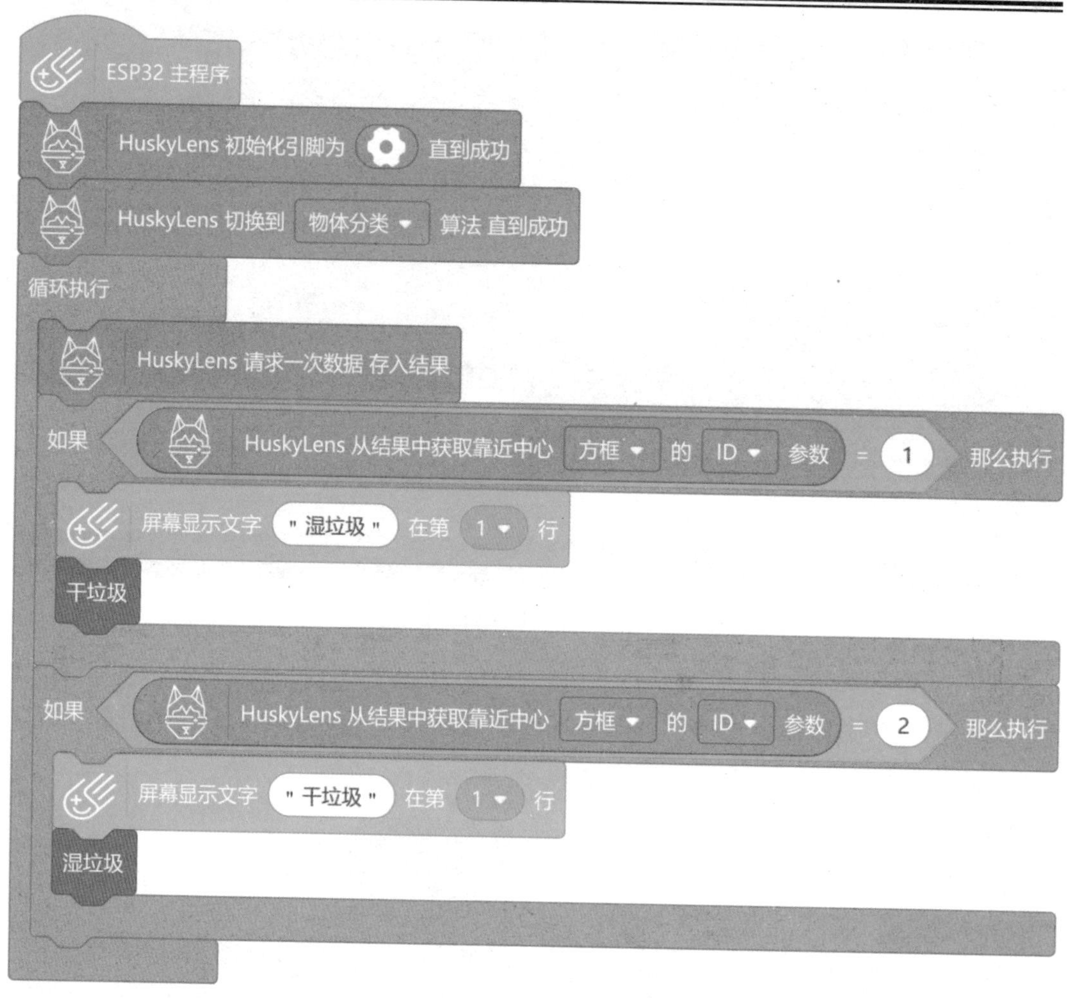

图 6.16 “垃圾分类智能桶”主程序

用 USB 数据线将掌控板和电脑连接起来，并点击菜单栏的“连接设备”按钮，在“连接设备”的下拉菜单中点击 COM 口选项，掌控板就成功与软件通讯。如图 6.17 所示。

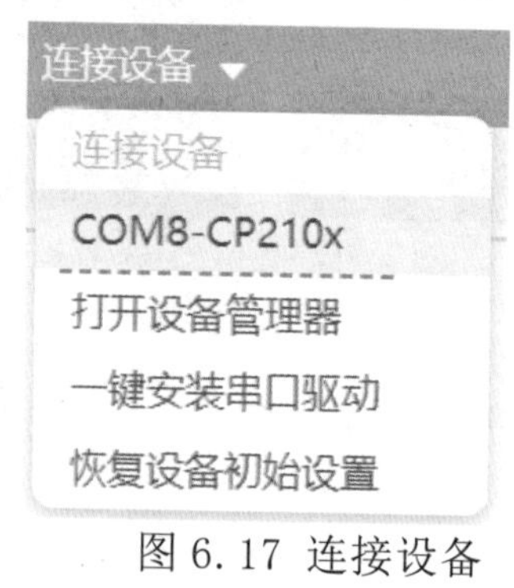

图 6.17 连接设备

最后，点击代码区的“上传到设备”按钮，待程序传输完成，我们的“巡线小达人”

就完成了。

电路连接对应的线路，依次对应所编写程序的接口，并进行插拔电子元件，注意舵机的零度位置是否归零。本项目线路图，如图 6.18 所示。

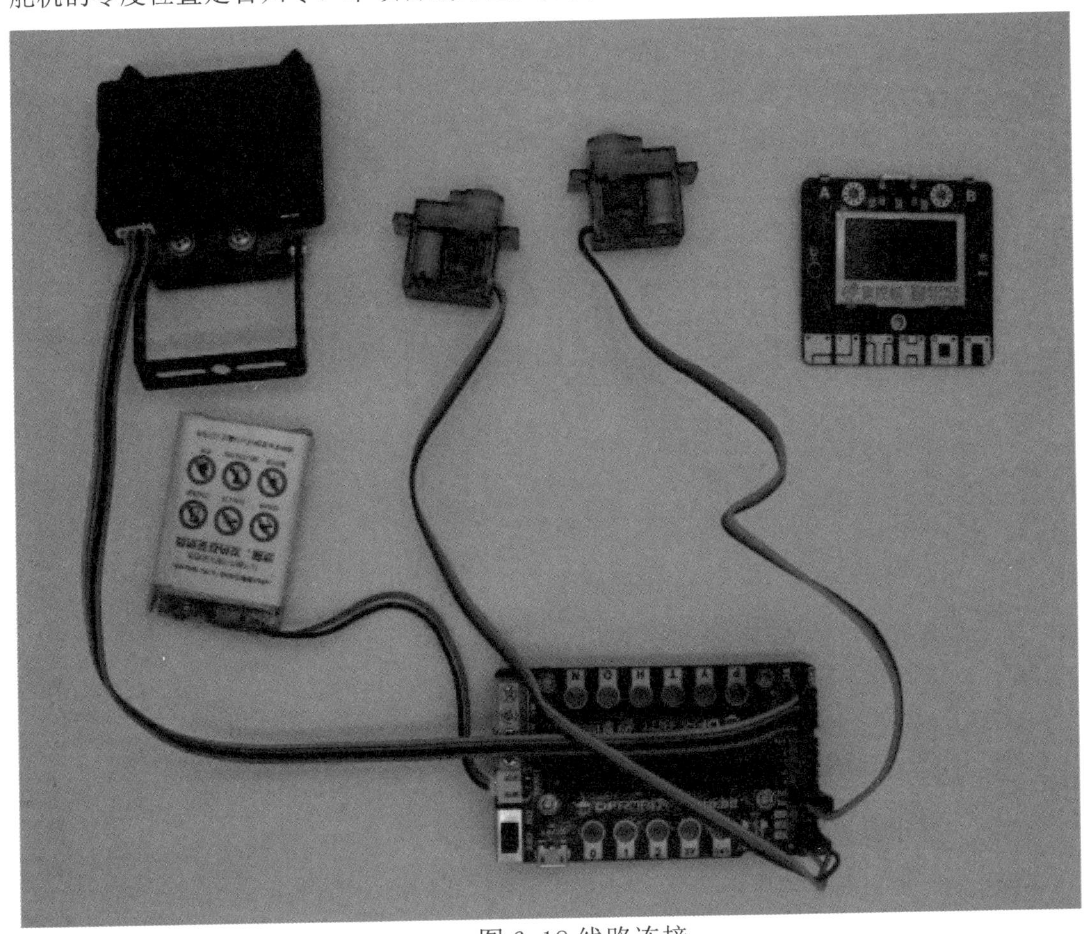

图 6.18 线路连接

二、分享与评价

项目完成评价表

学生姓名____________　　　　　　　　　　作品名称____________

项目	分值	评分标准	自评		互评		教师评价	
			扣分	得分	扣分	得分	扣分	得分
科学性	25	器件选用与装置设计符合科学方法，具有智能扩展性。能体现或解决实际问题，有一定应用价值。所有电路正确搭接。						

完整性	30	有详细的器材清单、作品源代码。功能齐全、设计完善、运行流畅。						
创新性	20	结构新颖，设计巧妙，有一定的创新。作品具有一定想象力和特点，能够表达设计理念、相关技术的应用。						
协作性	15	分工明确、协同合作、灵活应变。						
美观性	10	切合主题、布局合理、结构稳定整体大方美观。						
总分		满分 100 分，总分 85 分以上为优秀，75 ～ 84 为良好，65 ～ 74 为中等，60 ～ 65 为合格，60 分以下为不合格。	最终评级：					

三、延伸与扩展

这个项目中，我们将视觉识别与掌控板结合，做一个垃圾分类智能桶。想一想，能不能运用语音合成，给垃圾分类智能桶增加语音提示的功能？动一动手，通过增加上面的功能，使垃圾分类智能桶更加方便使用吧。

参考文献

1. 吴根亮编著，《机器人技术与应用》，西北工业大学出版社，2008.
2. 李庆山编著，《机器人学导论》，机械工业出版社，2004.
3. 杨宗桃编著，《机器人学基础》，清华大学出版社，2005.
4. 钟大伟编著，《机器人技术实践及应用》，电子工业出版社，2013.
5. 李学林编著，《机器人学原理与应用》，高等教育出版社，2015.